国家自然科学基金项目(52004286,51974317,52074296)
中国博士后科学基金项目(2020T130701,2019M650895) 资助
中央高校基本科研业务费项目(2022XJNY02)

弹塑性基础边界基本顶板结构破断及扰动规律研究与应用

陈冬冬　朱　磊　谢生荣　张守宝　著

应急管理出版社

·北　京·

内 容 摘 要

本书针对采场及沿空煤巷区域基本顶悬板大结构破断的工程实际问题，构建了考虑煤柱宽度及承载能力与实体煤弹塑性变形的基本顶板结构力学模型，探究了可变形基础边界条件下基本顶板结构在煤柱区及实体煤区的断裂位置、顺序、形态、扰动规律等。本书主要内容包括首采面弹塑性基础边界基本顶板结构破断规律、短边采空（煤柱）弹塑性基础边界基本顶板结构破断规律、长边采空（煤柱）弹塑性基础边界基本顶板结构破断规律、基本顶悬板大结构破断全区域扰动规律研究，以及考虑煤柱宽度及塑化程度的基本顶板结构在可变基础边界条件下的典型工程应用分析等。本书所述模型有效弥补了传统模型的缺陷和不足，对采矿工程中基本顶板结构破断的理论认识水平提升和实践发展均有积极意义。

本书可供矿业领域科研人员、工程技术人员及高等院校相关专业的师生学习和参考。

多年来，顶板事故在我国矿山各类事故中的发生频率、死亡人数均占据高位。对采煤工作面及沿空煤巷区域顶板的有效控制是实现安全回采的重要保障。研究基本顶板结构的破断位置、破断形态、破断发展过程、影响因素及破断扰动规律等对实现煤炭安全回采意义重大。

通过构建模型进行理论研究是深入认识采矿工程问题并得到解决方法的重要途径，特别是模型的边界条件直接决定所得结论与实际情况的符合程度及是否可以指导工程实践，所以边界条件至关重要。不同边界条件下，基本顶板结构的破断规律差异显著，矿压显现规律及工程指导方向迥异，所以研究基本顶板结构的破断位态、断裂发展模式及区位特征对工作面矿压控制与顶板灾害预警、区段煤柱宽度选择、沿空巷道覆岩稳定性判定、遗留煤柱覆岩结构判断与下煤层开采时的联动失稳条件分析等均具有重要意义。

研究采煤工作面及沿空煤巷区域基本顶破断规律的模型有两类：一是岩梁模型，二是板结构模型。为了简化计算而采取的岩梁模型只适用于长壁工作面沿推进方向的基本顶中部区域的力学分析，不适用于方形或者近似方形的工作面，以及短边区域（沿空煤巷区域）基本顶破断位态研究。同时，工作面出现切顶压架事故均是由板结构发生大面积破断并导致失稳所致，所以分析基本顶的破断规律时采用板结构模型至关重要。

一般条件下，基本顶下伏的直接顶与煤层的刚度均较小，限制基本顶向下位移的能力较弱，即当煤层较为软弱时，深入煤体深处更大范围的基本顶会发生变形，不满足刚性固支边界条件。当基本顶上覆岩层和下伏岩层的刚度均很大时，可以有效限制基本顶产生向上或向下位移，可近似满足刚性固支边界条件。但是煤层开采后，基本顶悬顶区域周边一定深度范围内的煤体必然进入塑性状态，即全区域煤体并不能全部满足弹性基础边界条件假设。可见，全面考虑采空区周边煤体的弹塑性变形，才更符合基本顶破断特征，得到的结论才能更有效地指导实践。本书通过构建弹塑性基础边界条件下的基本顶板结构破断模型，基于有限差分方法研究煤体的塑化程度和塑化范围、基本顶厚度、弹性模量及未塑化煤体的弹性基础系数和悬顶跨度对基本顶板结构破断位置、破断顺序及整体形态特征的影响，对认识基本顶破断过程及其结构形态具有重要价值。

本书还建立了以煤体为可变基础边界的基本顶板结构破断扰动力学模型，给出了断裂线和未破断区的力学方程及边界条件，阐述了差分法解算该复杂模型的具体方法，研究了基本顶板结构深入煤体破断长度、破断程度及不同时段破断发展过程的全区域反弹压缩场时空演化规律，并提出判断基本顶深入煤体初次破断位置及时间的预警方法体系，综合分析了弹塑性基础边界基本顶板结构的重要工程价值，如大面积悬顶矿压控制、出煤柱与进煤柱矿压控制、区段煤柱合理宽度、巷道及覆岩稳定性分析（本层煤层）、综采/放工作面停采线位置的确定、下伏煤层工作面出/进上覆煤体的下伏空间方面（下伏开采空间联动分析）及合理切顶卸压位置确定等。

本书编写过程中，得到了何富连教授的全程指导；在室内实验和现场实测方面得到了中煤能源研究院有限责任公司古文哲，研究生潘浩、何文瑞、郭方方、马翔、蒋再胜、吴晓宇、程琼、张晴、宋海政、叶秋成、朱静坤、李辉等的协助，在此一并表示感谢。

由于笔者水平所限，书中疏漏和欠妥之处在所难免，敬请读者不吝指正。

著　者

2023 年 8 月

目　录

1 绪　　论

1.1　研究背景

　　多年来，顶板事故在我国矿山各类事故中的发生频率、死亡人数均占据高位。采煤工作面及回采巷道顶板的有效控制是实现安全回采的重要保障。随着工作面自开切眼不断推进，采场上覆基本顶达到强度极限时会发生初次破断，并且伴随强烈的初次来压；之后，随着工作面不断推进基本顶会产生周期性破断，这对工作面生产及超前回采巷道的顶板安全也会产生持续威胁。因此研究基本顶板结构的破断位置、破断形态、破断发展过程及影响因素等对实现煤炭安全回采意义重大。

　　研究基本顶破断规律的模型有两类：一是岩梁模型，二是板结构模型。为了简化计算而采取的岩梁模型只适用于长壁工作面沿推进方向的基本顶中部区域的力学分析，不适用于方形或者近似方形的工作面。同时，工作面出现切顶压架事故均是由板结构发生大面积破断并导致失稳所致，所以分析基本顶的破断的规律采用板结构模型至关重要。

　　建立的岩梁模型边界条件主要有固支边界与弹性基础边界，而建立的基本顶板结构模型的边界条件主要为固支边界、简支边界、自由边界条件及其组合形式。

　　在实体煤区基本顶的边界条件有两种假设（图 1-1）：一是基本顶周围岩层不可变形，即刚性固支边界条件假设；二是考虑基本顶周围岩层的可变形特性，即弹性基础边界条件假设。

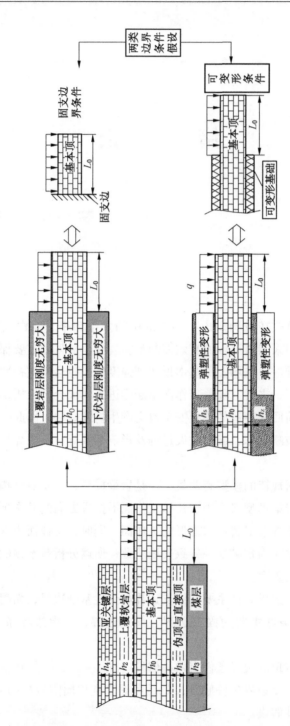

图 1-1 实体煤区基本顶边界条件假设类型

工作面侧方为煤柱时，对于煤柱的力学假设（图1-2）：不考虑煤柱的宽度也不考虑煤柱的支撑能力，即将煤柱简化为一条简支边；但实际上煤柱是有宽度和支撑能力的，特别是煤柱较宽且强度较大时，煤柱对基本顶破断规律的影响就不可忽略，此时就不能把煤柱简化为一条简支边，否则得到的结论与实际会有很大差距。

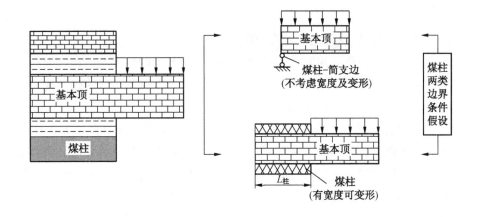

图1-2 煤柱区基本顶边界条件假设类型

边界条件不同，得到的结论以及工程指导意义明显不同。图1-3表示不同边界条件假设下基本顶板结构断裂线位置对比图，其中图1-3a为假设基本顶板结构四周为刚性固支边界条件，得到了工作面周边基本顶断裂线均沿着煤壁；图1-3b为假设基本顶周围为可变形基础边界时（实际上就是可变形岩层），得到了工作面周边基本顶断裂线均在煤体里侧数米位置而不是沿着煤壁。可见，边界条件假设不同，得到的结论有区别明显。

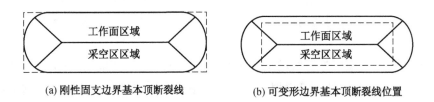

(a) 刚性固支边界基本顶断裂线   (b) 可变形边界基本顶断裂线位置

图1-3 不同边界条件基本顶板结构断裂线位置对比

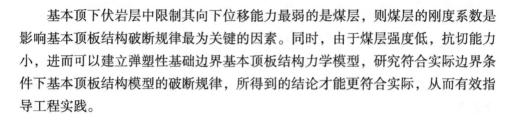

基本顶下伏岩层中限制其向下位移能力最弱的是煤层，则煤层的刚度系数是影响基本顶板结构破断规律最为关键的因素。同时，由于煤层强度低，抗切能力小，进而可以建立弹塑性基础边界基本顶板结构力学模型，研究符合实际边界条件下基本顶板结构模型的破断规律，所得到的结论才能更符合实际，从而有效指导工程实践。

1.2 国内外研究现状

1.2.1 覆岩结构特征及稳定性研究现状

采场上覆岩层的有效控制是实现煤炭安全科学开采的重要方面，特别是基本顶对工作面支护物的稳定性影响大，所以一直以来，探究基本顶的破断规律、稳定条件等是学者研究的重要课题。

20 世纪开始，矿业科技工作者针对不同的覆岩结构特征以及由此产生的矿压现象进行了探究，且形成了从不同层面和角度解释矿压现象的覆岩结构关系假说，例如压力拱假说（由德国学者于 1982 年提出）、悬臂梁假说（由德国学者于 1916 年提出）、铰接岩块假说（由苏联学者于 1950—1954 年提出）、预成裂隙（假塑性体）假说（由比利时学者于 20 世纪 50 年代初提出）、传递岩梁假说（由中国学者于 20 世纪 80 年代初提出）及砌体梁假说体系（由中国学者于 20 世纪 80 年代初提出）。在这些分析上覆岩体结构关系模型的假说中，我国学者宋振骐院士提出的"传递岩梁"模型以及钱鸣高院士提出的"砌体梁"模型较为完善。"传递岩梁"模型没有给出该结构成立的平衡条件，而"砌体梁"理论不仅阐述了岩块间的铰接关系、关键块的平衡条件，而且研究了基本顶在岩体内破断时引起的"扰动"现象，并提出了顶板显著来压的预报技术，对指导煤炭安全开采起到了非常重要的作用。这些理论假说均是岩梁模型，只能反映工作面中部区的岩体结构作用关系，无法全区域解释和说明矿压现象。

1987 年，钱鸣高院士研究了在不同边界条件下基本顶板结构模型（"四边固支""三固一简""两固两简""一固三简"）破断步距的简化解并分析了其内在规律。

1987 年，朱德仁等根据煤层抗剪能力弱的特性建立了基于 Winkler 的 Kirch-hffo 薄板模型，利用计算机模拟计算了基本顶破断发展过程，并提出了基本顶在工作面端部区破断形态为"三角形块体"。

1989 年，缪协兴等采用光弹实验方法、岩梁理论模型及几何法研究了基本顶初次来压阶段"镶嵌"块体结构的稳定性问题，并且给出了该阶段基本顶的失稳判据。

1991 年，姜福兴等利用厚板力学原理，研究了长壁工作面条件下基本顶薄板解的适用性，提出了相应的工程判据，得到四类边界条件下基本顶板的厚化系数式。在归纳总结的基础上提出了基本顶的三类结构形式并给出适用范围。

1992 年，贾喜荣等假设采场上覆层状岩体为均匀连续的介质，基本顶破断前为弹性岩板模型，基本顶破断后为铰接岩板模型，并结合基本顶的不同支撑边界建立了薄板模型，依据该模型计算了基本顶板结构的来压步距和强度及对支架产生的影响，分析了覆岩薄板的破断位置、发生顺序以及覆岩破断在岩体内引起的载荷效应。

1992 年，戴兴国和钱鸣高在考虑基本顶破损的条件下，计算分析了不同支承边界条件下的基本顶初次破断来压步距与周期来压步距。

1993 年，高存宝等基于现场观测及相似模拟实验结果，分析了坚硬顶板存在的多次破断现象，提出采用反弹率和反弹次数预测顶板来压，得到了顶板的垮落与断裂之间存在不一致性，给出了顶板初次破断步距计算法。

1994—1995 年，何富连等建立了直接顶块状松散体冒落力学模型、块裂介质岩体稳定性力学模型，块裂体冒落矢量模型，分析直接顶冒落影响因素并提出了防止该类岩体冒落的方法。

1996 年，钱鸣高等在分析覆岩关键块结构模型的基础上，建立支架与围岩的一体化模型，研究了覆岩及支架的相互关系及稳定性。

1997 年，吴洪词假设坚硬基本顶边界为弹性以及弹塑性，并且通过薄板弯曲理论的边界元法研究了基本顶在初次和周期破断阶段的特征。

1997—1998 年钱鸣高和许家林运用相似模型实验及离散元软件模拟等方法研究了覆岩采动裂隙的"O"形圈分布规律。

1998 年，茅献彪等根据覆岩荷载及应力关系分析了关键层内的应力、软弱夹层及坚硬覆岩层的关系，提出了坚硬岩组存在复合效应。

钱鸣高院士对"砌体梁"模型进一步研究，给出了"砌体梁"关键块滑落失稳及回转变形失稳的灾变条件，形成了评价"砌体梁"结构稳定性的"S-R"理论。在依据基本顶薄板结构模型破断规律的基础之上，得到了只有当基本顶破断形态为竖"O-X"形才可以采用"砌体梁"理论来研究破断后基本顶的稳定性，否则必须采用板结构理论模型来分析和研究基本顶的破断规律以及破断后的稳定性。

1998 年，黄庆享等建立了基本顶初次破断的梁结构模型，并计算分析了基本顶保持稳定所需要的条件，提出了评价基本顶岩块初次破断稳定性的"S-R"条件。1999 年提出了基本顶初次破断存在非对称现象。

1999 年，侯忠杰通过研究得出了基本顶断裂岩块回转端角的接触面尺寸计算公式，得出了基本顶发生滑落失稳及回转失稳的判断曲线。

1999 年，黄庆享、钱鸣高和石平五等依据浅埋煤层覆岩结构及载荷特征，提出了浅埋煤层条件下基本顶"短砌体梁"模型和基本顶"台阶岩梁"模型，计算分析了短砌体梁与台阶岩梁的稳定性条件，以及保持岩板结构稳定所需要的最低支护阻力计算式。

2000—2001 年黄庆享等综合采用数值模拟、相似模拟实验及岩石力学试验研究方法，揭示了基本顶岩块间摩擦和块间挤压的双重特性，并且给出了块间摩擦系数和块间挤压系数这两项参数值，以此来判断基本顶岩块的稳定性及失稳条件。

2002 年，谢胜华等针对浅埋煤层组合关键层模型基于"突变理论"研究得到了总势能计算式，通过建立尖角突变模型，定量研究组合关键层失稳条件。

2004 年，高明中等利用相似模拟实验研究了关键层破断在控制岩层移动与地表下沉的组合关系，分析了关键层失稳及平衡条件。

2005 年，陈忠辉等根据长壁工作面顶板来压的时空特征，把采场顶板分为相互关联的铰接块体，并建立了薄板组结构模型，利用数值方法及板理论研究了不同边界条件下顶板的力学特征。

由于 Marcus 简算式具有解析式，所以用来分析薄板问题时简单方便，但是该解并不适用于基本顶板结构的全区域，有些区域的解甚至偏离实际。而板壳理论中已经有精确解，但是解非常复杂，不便于直接用于工程问题分析。2009 年，何富连针对上述缺点，用精确解对以 Marcus 简算式为基础的解进行修正，获得了边界条件为"四边固支""三固一简""两固两简"及"一固三简"时的基本顶板结构模型 Marcus 简算式的修正解，并给出了各个模型解的使用范围，使得计算分析问题的准确性和方便性大大提高。

2010 年，张益东等建立四边固支大倾角仰（俯）采基本顶薄板模型并结合数值模型计算分析了该条件下基本顶板结构破断时应力分布特征，给出了基本顶板结构的极限破断准则及破断步距计算式。

2011 年，蒲海等通过建立基本顶四边固支板模型，利用里茨法计算得到基本顶破坏发展规律，并结合 ANSYS 有限元软件，利用"生死单元法"模拟基本顶三维破坏拓展过程。

2014 年，秦广鹏等建立了简支边与自由边及两临边固支的硬岩层薄板力学模型，研究了该模型的应力特征，得到了该模型的破断步距计算式。

2015 年，王新丰等以"刀把式"采场形态为工程背景，建立了"三固边＋一简边""三简边＋一固边"及"四固边"等薄板力学模型，分析了基本顶的破断顺序及破断形态，并采用 Flac3D 数值模拟方法研究了"刀把式"采场应力场演化及破坏特征。

2015 年，王金安等建立了大倾角条件下，基本顶受横纵荷载作用时的四边固支薄板结构初次破断力学模型，得到基本顶断裂线发展过程及破断演化规律，据此提出大倾角条件下基本顶破断形式为"V－Y"形。针对大倾角综放工作面推进过程基本顶的特点；建立了基本顶由小三角形悬板，大三角形悬板，最后向斜梯形板转化的薄板结构力学模型，并揭示了该条件下基本顶的破断发展及破坏区演化过程，说明了大倾角条件下基本顶周期破断形式为"四边形"。

近年来，刘洪磊等研究了复杂地质条件下基本顶板结构的"O－X"形破断及对应的矿压显现规律。李肖音等建立了采场初次来压（四边固支板）和周期来压（三固一自由边板）基本顶板结构模型，利用位移变分法分析该种条件下板的内力分布规律及破断规律并给出了板结构初次与周期破断步距计算式。陈冬冬、何富连、谢生荣等构建了首采面、一侧采空及两侧采空条件下考虑煤柱宽度及承载力与实体煤弹性基础边界的基本顶板结构破断力学模型，得出了基本顶悬板大结构的破断一系列规律。

1.2.2　工作面侧方（短边）基本顶断裂位置研究现状

工作面侧方（短边）基本顶的断裂位置及确定方法是学者们重点研究的课题。采用沿空掘巷需要解决的重要问题之一是基本顶在工作面侧方（短边）的断裂线位置，因为该断裂线位置与沿空巷道的位置关系（本质由所留煤柱宽度决定）直接决定了维护巷道顶板稳定的难易程度。而采用沿空掘巷（留 3～10 m 煤柱）时煤柱宽度如何确定仍是要解决的核心问题之一。柏建彪教授根据基本顶板结构侧方断裂的特点建立了基本顶侧方"弧形三角块"力学模型，并研究了沿空掘巷过程中该结构的稳定性。基于基本顶侧方断裂线位置确定了煤柱宽度，并应用于工程实际，取得了较好效果。而基本顶侧向断裂位置的确定方法，目前主要有钻孔实测法（此种方法最为准确，但是工程量大），内外应力场法与弹性地基岩梁模型法（这两种方法的本质是平面应变岩梁模型计算法，对于确定长壁工作面的侧方或短边区的基本顶断裂线位置就不能采用该法计算）及极限平衡区理论计算法（此方法主要适用于计算巷道两帮极限平衡区的宽度及应力）。可见目前的理论研究主要侧重岩梁模型，而没有针对性的探究可否采用板结构模型计算工作面侧方（短边）的基本顶断裂线位置及与煤壁的距离关系。

1.2.3 基本顶破断引起反弹压缩场研究现状

一般条件下，煤层的变形量较大且抗剪切能力较弱。根据这个特点，1986年钱鸣高院士假设煤层满足文克尔弹性基础模型，建立了基本顶周期断裂前后的弹性基础岩梁模型（即考虑煤层的可变形特性），得到了基本顶破断前后的内力解和挠度解，理论上证明了基本顶是超前煤壁破断的，即基本顶弯矩达到最大时发生破断，此时破断线在煤体内部数米位置，破断时在岩体内引起扰动。对破断前后基本顶挠度变化量的对比，揭示了基本顶超前煤壁断裂时会产生反弹与压缩现象，并得到了岩梁模型反弹压缩区间分布规律等。

1987年，朱德仁等根据岩板 Winkler 基础上的 Kirchhffo 板力学模型，利用模拟计算了岩板破断过程中的扰动规律。

1987—2009年，钱鸣高、朱德仁、蒋金泉、何富连等，分别对弹性基础边界基本顶岩梁模型反弹压缩的影响因素、矿压预测预报等问题进行了研究。

2015年，潘岳研究了弹性基础边界坚硬顶板岩梁模型在裂纹发生初始阶段的内力变化以及反弹压缩，进一步论述了基本顶岩梁破断时引起的反弹压缩现象。

近年来，陈冬冬、何富连、谢生荣等研究了可变基础边界基本顶板结构初次和周期破断不同程度及不同范围等条件下的采场全区域反弹压缩场时空位态特性。

1.3 研究内容及目的

本书针对采场及沿空煤巷区域基本顶悬板大结构破断的工程实际问题，构建考虑煤柱宽度及承载能力与实体煤弹塑性变形的基本顶板结构力学模型，全面计算探究了可变形基础边界条件下基本顶板结构在煤柱区及实体煤区的断裂位置、顺序、形态、扰动规律及重要应用分析等。

在考虑基本顶实际约束条件的基础上，结合弹性薄板理论，研究基本顶的厚度、弹性模量、泊松比、直接影响边界固支能力的煤层刚度以及各参量间的相互关系等对基本顶内力分布特征的影响。对于侧方采空时，还要研究煤柱宽度和支撑能力及煤柱的非对称性对基本顶内力分布特征的影响；进而研究基本顶板结构的破断规律（包括破断位置、破断顺序、破断形态）及影响因素，分析基本顶破断后岩板的稳定性，研究基本顶板结构破断进程中产生反弹压缩的机理及破断与反弹压缩场的时空演化规律，研究顶板灾害的预警指标及方法等。这些研究对指导工作面合理控顶实现安全回采，提高采矿科技水平以及保障矿井高产高效等意义重大。

2

首采面弹塑性基础边界基本
顶板结构破断规律研究

工作面上覆基本顶的破断位置、破断顺序和破断形态对指导工作面安全回采以及邻侧区段巷道的煤柱宽度合理确定等意义显著。

要研究基本顶的破断规律，需要明确两类问题：一是采用梁结构模型，还是板结构模型；二是模型的边界条件是固支、简支、弹性基础边界还是弹塑性基础边界，这两个方面选择对科学合理地制定措施至关重要。

多年来，矿业科技工作者分别建立了基本顶在固支边界、简支边界、文克尔弹性基础边界（钱鸣高院士等根据煤体抗剪切能力弱等特点提出煤体近似符合文克尔弹性地基假设）等条件下的岩梁结构模型，据此分析了基本顶破断机理、破断形态、破断时的反弹压缩扰动，采场初次来压的结构特征及来压步距等问题；建立了基本顶在固支、简支及自由边界条件下的板结构模型，分析了基本顶的破断位置、破断顺序及"O－X"形破断形态特征等。初次破断前的基本顶四周处于上覆较软岩层和下伏直接顶与煤层的夹支状态，由于煤层的刚度小于甚至远小于基本顶的刚度，那么相同受力条件下煤层的压缩变形量大于甚至是远大于基本顶的压缩变形量，可见下伏煤层限制基本顶下沉的能力很弱，特别是煤层厚度较大且较软时，此时远无法满足固支边界条件假设，为了弥补此缺陷，构建并系统研究了文克尔弹性基础边界基本顶板结构首采面初次破断、周期破断、一侧采空与两侧采空时的破断规律及影响因素等，并得到了固支边界模型得不到的重要结论。这些从不同角度、基于不同的模型假设得到的研究结论对采矿工程实践起到了重要的指导作用。

煤层开采后，基本顶悬顶区域周边一定范围内的煤体必然进入塑性状态，即全区域煤体并不能全部满足弹性基础边界条件假设。可见，全面考虑采空区周边煤体的弹塑性变形，才能更符合基本顶初次破断特征，得到的结论才能更有效地指导实践。本章通过构建弹塑性基础边界条件下的基本顶板结构初次破断模型，基于有限差分方法研究煤体的塑化程度和塑化范围、基本顶厚度、弹模及未塑化煤体的弹性基础系数、悬顶跨度对基本顶板结构破断位置、破断顺序及整体形态特征的影响，对于认识基本顶初次破断过程及其结构形态具有重要价值。

2.1　基本顶边界条件类型

基本顶边界对比如图2-1所示。煤层开采后，悬顶区域的基本顶处于上覆与下伏岩层的夹支状态。若基本顶上下覆岩层的刚度为无穷大，可构建固支边界模型；实际上，基本顶上覆、下伏岩层的刚度小于甚至远小于基本顶的刚度，特别是煤层厚度较大且较软时是无法满足固支边界条件要求的，可假设基本顶受到上覆、下伏弹性岩层的夹支，即可构建弹性基础边界模型；对于实际的采矿工程问题，支撑基本顶的煤体浅部必然处于塑性状态，而围岩表层甚至处于破碎状

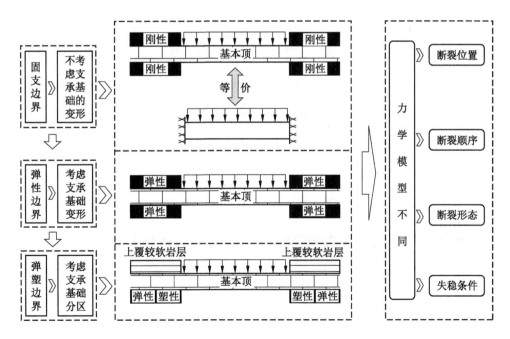

图2-1　基本顶边界条件对比

态，深部煤体处于弹性状态，可构建弹塑性基础边界基本顶板结构模型，研究所得结论显然更符合实际。

2.2 弹塑性边界基本顶板结构力学模型

2.2.1 力学模型建立

根据弹性薄板力学假设：

$$\left(\frac{1}{100} \sim \frac{1}{80}\right) \leqslant \frac{h}{l} \leqslant \left(\frac{1}{8} \sim \frac{1}{5}\right) \tag{2-1}$$

式中，h 为板厚度，m；l 为板短边长度，m。

一般条件下，采场上覆基本顶均满足上述要求，所以满足弹性薄板假设。

开采区域周边的基本顶四周受到上、下伏岩层的夹支，尤其是下伏煤层的基础系数是限制基本顶在煤体支撑区变形与破断的关键。通常条件下浅部煤体处于塑性状态，深部煤体处于弹性状态，即支撑基本顶的为周边弹塑性煤体，而煤体塑化程度和范围必然对基本顶的破断特征有影响。

据此建立如图 2-2 所示的考虑煤体弹塑性变形的弹塑性基础边界基本顶薄

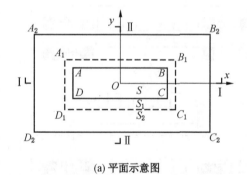

(a) 平面示意图

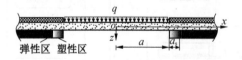

(b) Ⅱ—Ⅱ剖面示意图

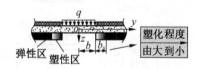

(c) Ⅰ—Ⅰ剖面示意图

图 2-2 弹塑性基础边界基本顶板结构力学模型

板初次破断力学模型，其中，$ABCD$ 区域为已经开采而基本顶悬顶未断区域、$A_1B_1C_1D_1$ 区域之内与 $ABCD$ 区域之外为塑化煤体支撑区、$A_1B_1C_1D_1$ 区域之外且 $A_2B_2C_2D_2$ 区域之内为弹性煤体支撑区、边 A_1B_1、B_1C_1、C_1D_1 及 A_1D_1 为弹塑性煤体分界线，工作面的长度 AB 为 $2a$、开采悬顶区的跨度 AD 为 $2b$、外边界 A_2B_2 长度为 $2a_2$、外边界 A_2D_2 长度为 $2b_2$、长边塑性区的宽度为 b_s（即 AB 与 A_1B_1 或 CD 与 C_1D_1 之间的距离）、短边塑性区的宽度为 a_s（即 AD 与 A_1D_1、B_1C_1 与 BC 之间的距离）、长边弹塑性分界边 A_1B_1 长度为 $2a_s+2a$、短边弹塑性分界边 A_1D_1 长度为 $2b_s+2b$。开采区域上覆基本顶承担载荷为 q，其值为基本顶自重与上覆软岩层载荷之和。

S 悬顶区的基本顶挠度微分方程为：

$$\frac{\partial^4\omega(x,y)}{\partial x^4}+2\frac{\partial^4\omega(x,y)}{\partial x^2\partial y^2}+\frac{\partial^4\omega(x,y)}{\partial y^4}=\frac{1}{D}q \qquad (2-2)$$

式中，$\omega(x,y)$ 为 S 区域基本顶挠度函数；D 为基本顶刚度。

S_1 塑性区的基本顶挠度微分方程为：

$$\frac{\partial^4\omega_s(x,y)}{\partial x^4}+2\frac{\partial^4\omega_s(x,y)}{\partial x^2\partial y^2}+\frac{\partial^4\omega_s(x,y)}{\partial y^4}=\frac{-k_s\omega_s(x,y)}{D} \qquad (2-3)$$

式中，$\omega_s(x,y)$ 为 S_1 区基本顶挠度函数；k_s 为塑性区煤体基础系数（支撑系数）。

S_2 弹性区的基本顶挠度微分方程为：

$$\frac{\partial^4\omega_t(x,y)}{\partial x^4}+2\frac{\partial^4\omega_t(x,y)}{\partial x^2\partial y^2}+\frac{\partial^4\omega_t(x,y)}{\partial y^4}=\frac{-k_t\omega_t(x,y)}{D} \qquad (2-4)$$

式中，$\omega_t(x,y)$ 为 S_2 区基本顶挠度函数；k_t 为弹性区煤体基础系数（支撑系数）。

$$D=\frac{Eh^3}{12(1-\mu^2)} \qquad (2-5)$$

式中，μ 为泊松比；E 为基本顶弹性模量，GPa；h 为基本顶厚度，m。

上述参数中，弹性煤体区的基础系数 k_t 为煤体的弹性模量与煤体厚度的比值。$ABCD$ 边界线即浅部煤体基础系数（支撑系数）设为 k_0，k_0 代表了塑性区煤体的塑化程度，由于开采区浅部的煤体必然塑化甚至破碎，所以浅部煤体的基础系数 k_0 值较小甚至为 0（代表浅部破碎），而开采区周边深部煤体的塑化程度越来越小，即基础系数越来越大，直到弹性煤体区时煤体基础系数达最大值 k_t，设 S_1 塑化区煤体基础系数为 k_s 并满足关系式 $k_0<k_s<k_t$，且 k_s 值与深入煤体距离成正相关；为便于运算，一般可以设 k_s 由 0 线性增大到 k_t，该

假设满足塑性煤体区两端基础系数的极值特征和基本变化规律，而精确的理论计算时，k_s 可由塑性区不同位置煤体的模量 E_s 与该处煤体厚度的比值得到。

2.2.2 边界条件

2.2.2.1 内边的边界条件

边 DC、BC、AD 及 AB 是基本顶塑性基础起始边界（也是已开采区与煤体区分界边），该边界上各点挠度同时满足悬顶区 S 的微分方程式（2-2）与塑化区 S_1 的微分方程式（2-3），且各边上的挠度、截面法向线转角、弯矩与剪力分别连续，即满足式（2-6）~式（2-9）。

$$\begin{cases} -a \leqslant x \leqslant a \\ y = b \end{cases}, \begin{cases} \dfrac{\partial}{\partial y}\nabla^2\omega_s = \dfrac{\partial}{\partial y}\nabla^2\omega \\[2mm] \dfrac{\partial^2\omega_s}{\partial y^2} + \mu\dfrac{\partial^2\omega_s}{\partial x^2} = \dfrac{\partial^2\omega}{\partial y^2} + \mu\dfrac{\partial^2\omega}{\partial x^2} \\[2mm] \dfrac{\partial\omega_s}{\partial y} = \dfrac{\partial\omega}{\partial y} \\[2mm] \omega_s(x,b) = \omega(x,b) \end{cases} \tag{2-6}$$

$$\begin{cases} -a \leqslant x \leqslant a \\ y = -b \end{cases}, \begin{cases} \dfrac{\partial}{\partial y}\nabla^2\omega_s = \dfrac{\partial}{\partial y}\nabla^2\omega \\[2mm] \dfrac{\partial^2\omega_s}{\partial y^2} + \mu\dfrac{\partial^2\omega_s}{\partial x^2} = \dfrac{\partial^2\omega}{\partial y^2} + \mu\dfrac{\partial^2\omega}{\partial x^2} \\[2mm] \dfrac{\partial\omega_s}{\partial y} = \dfrac{\partial\omega}{\partial y} \\[2mm] \omega_s(x,-b) = \omega(x,-b) \end{cases} \tag{2-7}$$

$$\begin{cases} -b \leqslant y \leqslant b \\ x = a \end{cases}, \begin{cases} \dfrac{\partial}{\partial x}\nabla^2\omega_s = \dfrac{\partial}{\partial x}\nabla^2\omega \\[2mm] \dfrac{\partial^2\omega_s}{\partial x^2} + \mu\dfrac{\partial^2\omega_s}{\partial y^2} = \dfrac{\partial^2\omega}{\partial x^2} + \mu\dfrac{\partial^2\omega}{\partial y^2} \\[2mm] \dfrac{\partial\omega_s}{\partial x} = \dfrac{\partial\omega}{\partial x} \\[2mm] \omega_s(a,y) = \omega(a,y) \end{cases} \tag{2-8}$$

$$\begin{cases} -b \leqslant y \leqslant b \\ x = -a \end{cases}, \begin{cases} \dfrac{\partial}{\partial x}\nabla^2\omega_s = \dfrac{\partial}{\partial x}\nabla^2\omega \\[2mm] \dfrac{\partial^2\omega_s}{\partial x^2} + \mu\dfrac{\partial^2\omega_s}{\partial y^2} = \dfrac{\partial^2\omega}{\partial x^2} + \mu\dfrac{\partial^2\omega}{\partial y^2} \\[2mm] \dfrac{\partial\omega_s}{\partial x} = \dfrac{\partial\omega}{\partial x} \\[2mm] \omega_s(-a,y) = \omega(-a,y) \end{cases} \qquad (2-9)$$

2.2.2.2 弹塑性分区的边界条件

边 D_1C_1、B_1C_1、A_1D_1 及 A_1B_1 是基本顶下伏煤体的弹塑性分界边，边上各点挠度同时满足塑化区 S_1 微分方程式（2-3）与弹性区 S_2 微分方程式（2-4），且各边上的挠度、截面法向线转角、弯矩与剪力分别连续，即满足式（2-10）~式（2-13）。

$$\begin{cases} -a-a_s \leqslant x \leqslant a+a_s \\ y = b+b_s \end{cases}, \begin{cases} \dfrac{\partial}{\partial y}\nabla^2\omega_s = \dfrac{\partial}{\partial y}\nabla^2\omega_t \\[2mm] \dfrac{\partial^2\omega_s}{\partial y^2} + \mu\dfrac{\partial^2\omega_s}{\partial x^2} = \dfrac{\partial^2\omega_t}{\partial y^2} + \mu\dfrac{\partial^2\omega_t}{\partial x^2} \\[2mm] \dfrac{\partial\omega_s}{\partial y} = \dfrac{\partial\omega_t}{\partial y} \\[2mm] \omega_s(x,b+b_s) = \omega_t(x,b+b_s) \end{cases} \qquad (2-10)$$

$$\begin{cases} -a-a_s \leqslant x \leqslant a+a_s \\ y = -b-b_s \end{cases}, \begin{cases} \dfrac{\partial}{\partial y}\nabla^2\omega_s = \dfrac{\partial}{\partial y}\nabla^2\omega_t \\[2mm] \dfrac{\partial^2\omega_s}{\partial y^2} + \mu\dfrac{\partial^2\omega_s}{\partial x^2} = \dfrac{\partial^2\omega_t}{\partial y^2} + \mu\dfrac{\partial^2\omega_t}{\partial x^2} \\[2mm] \dfrac{\partial\omega_s}{\partial y} = \dfrac{\partial\omega_t}{\partial y} \\[2mm] \omega_s(x,-b-b_s) = \omega_t(x,-b-b_s) \end{cases} \qquad (2-11)$$

$$\begin{cases} -b-b_s \leqslant y \leqslant b+b_s \\ x = a+a_s \end{cases}, \begin{cases} \dfrac{\partial}{\partial x}\nabla^2\omega_s = \dfrac{\partial}{\partial x}\nabla^2\omega_t \\[2mm] \dfrac{\partial^2\omega_s}{\partial x^2} + \mu\dfrac{\partial^2\omega_s}{\partial y^2} = \dfrac{\partial^2\omega_t}{\partial x^2} + \mu\dfrac{\partial^2\omega_t}{\partial y^2} \\[2mm] \dfrac{\partial\omega_s}{\partial x} = \dfrac{\partial\omega_t}{\partial x} \\[2mm] \omega_s(a+a_s,y) = \omega_t(a+a_s,y) \end{cases} \qquad (2-12)$$

$$\begin{cases} -b-b_s \leqslant y \leqslant b+b_s \\ x=-a-a_s \end{cases}, \begin{cases} \dfrac{\partial}{\partial x}\nabla^2\omega_s = \dfrac{\partial}{\partial x}\nabla^2\omega_t \\[2mm] \dfrac{\partial^2\omega_s}{\partial x^2}+\mu\dfrac{\partial^2\omega_s}{\partial y^2} = \dfrac{\partial^2\omega_t}{\partial x^2}+\mu\dfrac{\partial^2\omega_t}{\partial y^2} \\[2mm] \dfrac{\partial\omega_s}{\partial x} = \dfrac{\partial\omega_t}{\partial x} \\[2mm] \omega_1(-a-a_s,y)=\omega_t(-a-a_s,y) \end{cases} \quad (2-13)$$

2.2.2.3 模型外边界的边界条件

图 2-2 中，对于首采面的基本顶板结构初次破断来说，开采区域的外边界 $A_2B_2C_2D_2$ 距离开采悬顶区的距离要求不受或者基本不受开采区 $ABCD$ 的扰动影响，由于外边界 C_2D_2、B_2C_2、A_2B_2 及 A_2D_2 不受开采扰动的影响，那么这些边不仅满足挠度为零，而且满足截面法向线转角为零，即满足式 $(2-14)$。

$$\begin{cases} \text{边} A_2D_2 \quad x=-a_2\to-\infty \quad \omega_t=0,\dfrac{\partial\omega_t}{\partial x}=0 \\[3mm] \text{边} B_2C_2 \quad x=a_2\to+\infty \quad \omega_t=0,\dfrac{\partial\omega_t}{\partial x}=0 \\[3mm] \text{边} C_2D_2 \quad y=-b_2\to-\infty \quad \omega_t=0,\dfrac{\partial\omega_t}{\partial y}=0 \\[3mm] \text{边} A_2B_2 \quad y=b_2\to+\infty \quad \omega_t=0,\dfrac{\partial\omega_t}{\partial y}=0 \end{cases} \quad (2-14)$$

2.3 弹塑性基础边界板结构模型计算法

要研究弹塑性基础边界条件下的基本板结构破断规律，就需要得到偏微分方程式 $(2-2)$、式 $(2-3)$ 及式 $(2-4)$ 在边界条件式 $(2-6)$、式 $(2-9)$、式 $(2-10)\sim$ 式 $(2-13)$ 及式 $(2-14)$ 条件下的解，但是求出精确解极为困难，即便是弹性基础边界条件下的求解难度也很大。但是众所周知，获得精确解并不是采矿工程问题所追求的，能求出近似解满足分析并解决采矿工程实际需求即可，而有限差分法就是符合该要求的有效方法。

2.3.1 差分节点编号

为了便于采用有限差分法具体求解偏微分方程式 $(2-2)$、式 $(2-3)$ 及式 $(2-4)$ 在边界条件式 $(2-6)\sim$ 式 $(2-9)$、式 $(2-10)\sim$ 式 $(2-13)$ 及式 $(2-14)$

条件下的解，需要对差分节点进行编号，这样便于计算处理，如图2-3所示为差分节点编号图，中间特征节点为 P 点，节点间距为 d。

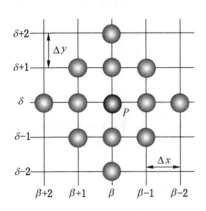

图2-3　差分节点编号图

2.3.2　挠度方程的差分方程

基于差分节点编号图可得式（2-2）、式（2-3）及式（2-4）在特征节点 P 的差分方程分别为式（2-15）、式（2-16）及式（2-17）。

$$20\omega_{\beta,\delta} - 8(\omega_{\beta+1,\delta} + \omega_{\beta-1,\delta} + \omega_{\beta,\delta+1} + \omega_{\beta,\delta-1}) +$$
$$2(\omega_{\beta+1,\delta+1} + \omega_{\beta+1,\delta-1} + \omega_{\beta-1,\delta+1} + \omega_{\beta-1,\delta-1}) +$$
$$\omega_{\beta+2,\delta} + \omega_{\beta-2,\delta} + \omega_{\beta,\delta+2} + \omega_{\beta,\delta-2} = \frac{q_{\beta,\delta}d^4}{D} \qquad (2-15)$$

$$\left(20 + d^4\frac{k_s}{D}\right)\omega_{\beta,\delta} - 8(\omega_{\beta+1,\delta} + \omega_{\beta-1,\delta} + \omega_{\beta,\delta+1} + \omega_{\beta,\delta-1}) +$$
$$2(\omega_{\beta+1,\delta+1} + \omega_{\beta+1,\delta-1} + \omega_{\beta-1,\delta+1} + \omega_{\beta-1,\delta-1}) +$$
$$\omega_{\beta+2,\delta} + \omega_{\beta-2,\delta} + \omega_{\beta,\delta+2} + \omega_{\beta,\delta-2} = 0 \qquad (2-16)$$

$$\left(20 + d^4\frac{k_t}{D}\right)\omega_{\beta,\delta} - 8(\omega_{\beta+1,\delta} + \omega_{\beta-1,\delta} + \omega_{\beta,\delta+1} + \omega_{\beta,\delta-1}) +$$
$$2(\omega_{\beta+1,\delta+1} + \omega_{\beta+1,\delta-1} + \omega_{\beta-1,\delta+1} + \omega_{\beta-1,\delta-1}) +$$
$$\omega_{\beta+2,\delta} + \omega_{\beta-2,\delta} + \omega_{\beta,\delta+2} + \omega_{\beta,\delta-2} = 0 \qquad (2-17)$$

2.3.3　外边界条件方程的差分方程

$$
\begin{cases}
\text{边 } A_2D_2 \quad x = -a_2 \quad
\begin{cases}
\omega_{\beta,\delta} = 0 \\
\left(\dfrac{\partial \omega_t}{\partial x}\right)_{\beta,\delta} = \dfrac{\omega_{\beta-1,\delta} - \omega_{\beta+1,\delta}}{2\Delta x} = 0
\end{cases} \\[3em]
\text{边 } B_2C_2 \quad x = a_2 \quad
\begin{cases}
\omega_{\beta,\delta} = 0 \\
\left(\dfrac{\partial \omega_t}{\partial x}\right)_{\beta,\delta} = \dfrac{\omega_{\beta-1,\delta} - \omega_{\beta+1,\delta}}{2\Delta x} = 0
\end{cases} \\[3em]
\text{边 } C_2D_2 \quad y = -b_2 \quad
\begin{cases}
\omega_{\beta,\delta} = 0 \\
\left(\dfrac{\partial \omega_t}{\partial y}\right)_{\beta,\delta} = \dfrac{\omega_{\beta,\delta-1} - \omega_{\beta,\delta+1}}{2\Delta y} = 0
\end{cases} \\[3em]
\text{边 } A_2B_2 \quad y = b_2 \quad
\begin{cases}
\omega_{\beta,\delta} = 0 \\
\left(\dfrac{\partial \omega_t}{\partial y}\right)_{\beta,\delta} = \dfrac{\omega_{\beta,\delta-1} - \omega_{\beta,\delta+1}}{2\Delta y} = 0
\end{cases}
\end{cases}
\tag{2-18}
$$

一般条件下，对于实际开采边界范围以及采矿工程所要求的精度来说，外边界的范围不需要无穷远，只要是矩形区 ABCD 长边长度的 3~5 倍以上即可近似满足式（2-14）要求的条件，且有限边界对于具体求解来说是有利的。所以可得外边界条件式（2-14）基于特征节点 P 的差分方程为式（2-18）。

2.3.4 弹塑性基础板结构模型求解及破断指标

根据基本顶板结构在开采悬顶区 S、塑性区 S_1 及弹性区 S_2 的挠度偏微分方程的差分方程式（2-15）、式（2-16）及式（2-17）可知，三个区域的挠度偏微分方程的差分方程均含有十三个差分节点且挠度未知，而节点之间相互关联并通过边界条件来约束范围。由此可建立并求解基于边界条件的基本顶板结构挠度未知的十三节点差分方程组，方程组的解即为各个节点的挠度解。显然，求解差分方程比直接求解偏微分方程要简单。为了满足计算精度要求，需要构建足够数量的差分方程。虽然计算较易，但是方程数量多。此时可以采用软件 Matlab 辅助计算，具体可采用函数 sparse 构建系数为稀疏矩阵联合代数方程组，然后采用 gmres 函数求解方程组，从而得到各个挠度未知节点的挠度解。

各个区域的所有挠度未知节点的挠度求解出来后，可得分量弯矩值，在代入式（2-19）即可得到各个节点的主弯矩值，通过各个区域的主弯矩极值与弯矩极限 M_s 对比，可分析弹塑性基础边界条件下的基本顶板结构是否发生破断，破断时的位置和破断顺序及影响因素等。

$$\begin{cases} (M_1)_{\beta,\delta} = \dfrac{(M_x)_{\beta,\delta} + (M_y)_{\beta,\delta}}{2} \pm \sqrt{\left(\dfrac{(M_x)_{\beta,\delta} - (M_y)_{\beta,\delta}}{2} \right)^2 + (M_{xy})_{\beta,\delta}^2} \\ (M_3)_{\beta,\delta} \end{cases}$$

$$(2-19)$$

2.4 弹塑性基础基本顶板结构模型分析

2.4.1 弹塑性基础边界基本顶板结构的主弯矩形态特征

为系统研究弹塑性基础边界基本顶板结构的破断规律，选取一特征参数采用上述计算方法计算并着重分析基本顶的主弯矩极值大小及位置特征。为了研究问题的方便，设塑性区的煤体基础系数 k_s 由浅部基础系数 k_0 到弹性煤体区基础系数 k_t 呈正相关线性增长；取工作面长度 132 m（即图 2-2a 中的 AB 长度）、推进距离 44 m（即图 2-2a 中的 AD 长度或跨度）；基本顶的弹性模量 E、厚度 h、泊松比 μ、载荷 q 分别为 32 GPa、6.5 m、0.22、0.32 MPa；煤体浅部基础系数 k_0 为 0、煤体弹性区基础系数 k_t 为 1.5 GN/m³，周边煤体塑性区宽度(设为 b_0)为 4 m。

通过计算得到各节点最大与最小主弯矩值并绘制出基本顶全区域主弯矩形态特征图。图 2-4a 为弹塑性基础边界基本顶最小主弯矩 M_3 的分布形态特征云图，图 2-4b 所示为弹塑性基础边界基本顶最大主弯矩 M_1 的分布形态特征云图。

根据图 2-4 基本顶各个区域的最大主弯矩（M_1）与最小主弯矩（M_3）的形态特征和数值分布规律可知：

（1）开采区域长边与短边深入弹塑性煤体区域基本顶板结构的 M_1 与 M_3 为负值，所以深入弹塑性煤体区域基本顶板结构的上表面受拉应力而下表面受压应力，由岩石抗拉强度远小于抗压强度可知，基本顶深入弹塑性煤体区的上表面先于下表面破断。

（2）开采区域长边与短边区域的绝对值 M_1 为 M_3 的相反数，且位置在深入弹塑性煤体区域而不是固支边界模型得到的沿着煤壁。

（3）开采悬顶区域中部基本顶的 M_1 与 M_3 均为正值，所以该区域基本顶的上表面受压应力而下表面受拉应力，且下表面先于上表面破断。

（4）基本顶中部区域的最大主弯矩在开采区域的中点（坐标为图 2-2 中的（0，0）点），且数值为对应点主弯矩 M_1。

不同参数条件下弹性基础边界基本顶板结构全区域的最大与最小主弯矩的分布形态与图 2-4 相似，且开采区域长边与短边主弯矩极值的位置也处于弹塑性

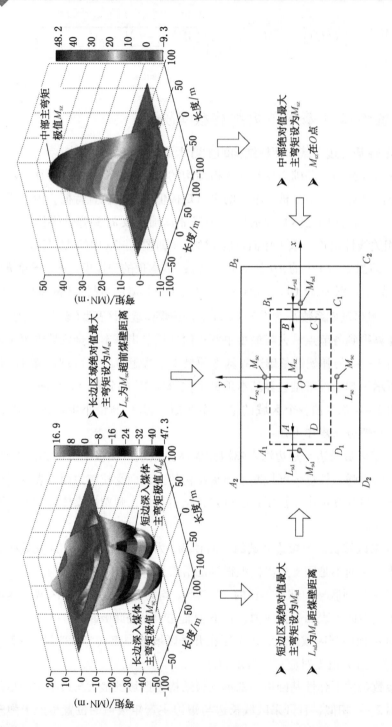

图 2－4 弹塑性基础边界基本顶板结构主弯矩及极值特征云图

煤体区，开采区域中部的最大主弯矩在开采区的中点，所以要得到弹塑性基础边界基本顶板结构的破断规律可以通过研究各个特征区域的主弯矩极值的大小和位置及随影响因素的变化特征来分析。

根据上述分析结果，建立如图 2-4 所示的弹塑性基础边界基本顶主弯矩极值位置图，其中，中部区域的主弯矩极值为中点（0，0）位置处的最大主弯矩 M_1，并设 $M_{sz} = M_1\mid_{(0,0)}$；长边区域绝对值最大主弯矩为主弯矩 M_3 极值的负数，其深入煤体距离为 L_{sc}，即距离 AB 边或 CD 边的长度为 L_{sc}，设该极值为 M_{sc}，那么满足 $M_{sc} = \mid M_3\mid_{(0,b+L_{sc})}\mid$ 与 $M_{sc} = \mid M_3\mid_{(0,-b-L_{sc})}\mid$；短边区域绝对值最大主弯矩为主弯矩 M_3 极值的负数，该极值深入煤体距离为 L_{sd}，即距离 AD 边或 BC 边的长度为 L_{sd}，设该主弯矩极值的绝对值为 M_{sd}，那么满足 $M_{sd} = \mid M_3\mid_{(a+L_{sd},0)}\mid$，$M_{sd} = \mid M_3\mid_{(-a-L_{sd},0)}\mid$。可见，弹塑性基础边界基本顶板结构的主弯矩极值主要在开采区中部、长边弹塑性煤体区及短边弹塑性煤体区，分析这几个特征区域的主弯矩 M_{sz}、M_{sc} 与 M_{sd} 的大小及所在位置 L_{sc} 与 L_{sd} 即可分析弹塑性基础边界基本顶板结构的初次破断顺序、破断位置及整体破断规律。

弹塑性基础边界条件下，基本顶板结构的初次破断规律主要受基本顶的厚度 h、弹性模量 E、跨度 L（L 越大代表基本顶强度越大，可悬顶距离越大）、实体煤区弹性煤体基础系数 k_t、煤体塑化范围 a_s、b_s 及浅部煤体基础系数 k_0 影响。本文采用控制变量法着重研究这些因素对弹塑性基础边界基本顶板结构初次破断特征的影响，最后研究这些因素的权重关系。

由于采用控制变量法进行研究，以下所采用的计算基础参数未经说明更改的均为：工作面长度及跨度分别为 132 m、44 m；基本顶的弹性模量 E、厚度 h、泊松比 μ 及载荷 q 分别为 32 GPa、6.5 m、0.26 及 0.32 MPa；浅部煤体的基础系数 k_0 及未塑化弹性煤体基础系数 k_t 分别为 0 及 1.5 GN/m^3，周边煤体塑性区宽度 a_s 及 b_s 均为 4 m。

2.4.2　破断特征的弹性煤体基础系数 k_t 效应

根据图 2-5 可知，未塑化的弹性煤体基础系数 k_t 不仅可以改变基本顶的破断位置且可改变基本顶的破断顺序。

（1）基本顶破断位置方面：随 k_t 值增大，长边主弯矩 M_{sc} 深入煤体距离 L_{sc} 由大于煤体塑性区宽度 b_s 过渡到逐步小于 b_s，这说明 k_t 较小时长边破断线在未塑化的弹性煤体区上覆，k_t 较大时长边破断线在塑化煤体区上覆；k_t 值越小，长边破断线深入煤体距离 L_{sc} 越大，即煤体越软，约束基本顶整体下沉变形的能力越弱，破断线越超前煤壁，此时与固支边界模型的差距也越大；短边破断位置 L_{sd} 与长边 L_{sc} 的变化规律相同。

（2）基本顶破断顺序及形态方面：随 k_t 值增大，基本顶中部主弯矩 M_{sz} 减小，而长边与短边的主弯矩 M_{sc} 与 M_{sd} 逐渐增大，但增长幅度小于降低幅度。①k_t 较小时，$M_{sz}>M_{sc}>M_{sd}$，主弯矩达到弯矩极限 M_s 时，基本顶破断顺序为：中部下表面→长边深入弹性煤体区上表面→短边深入弹性煤体区上表面，最终在弹性煤体区上方形成"O"形断裂圈，整体破断形态为"O-X"形。②k_t 较大时，$M_{sc}>M_{sz}>M_{sd}$，基本顶破断顺序为：长边深入塑化煤体区上表面→中部下表面→短边深入塑化煤体区上表面，最终在塑化煤体区上覆形成"O"形断裂圈，整体破断形态为"O-X"形。③$k_t=k_{ts}$ 时，基本顶"O"形断裂圈在煤体弹塑性分界线区域。④$k_t=k_{tj}$ 时，$M_{sz}=M_{sc}=M_j$，即存在基本顶中部与长边同时破断的情况。

而固支边模型得到基本顶断裂线沿着煤壁与 k_t 值无关，可见固支边界模型所得结论与实际差距较大，尤其是破断位置及破断顺序方面。

2.4.3 破断特征的基本顶厚度效应

根据图 2-6 可知，基本顶的厚度 h 不仅可以改变基本顶的破断位置且可改变基本顶的破断顺序。

（1）基本顶破断位置方面：随 h 值增大，长边主弯矩 M_{sc} 深入煤体距离 L_{sc} 由小于煤体塑性区宽度 b_s 过渡到大于 b_s，这说明 h 较大时长边破断线在未塑化的弹

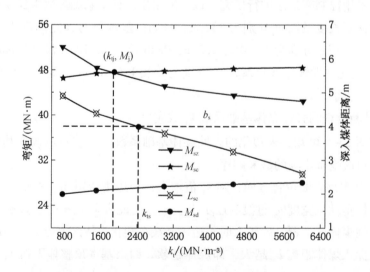

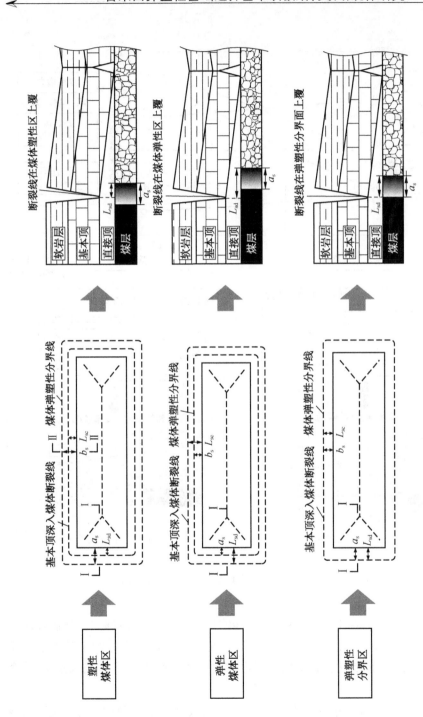

图 2 - 5 主弯矩及位置随 k_t 变化规律图

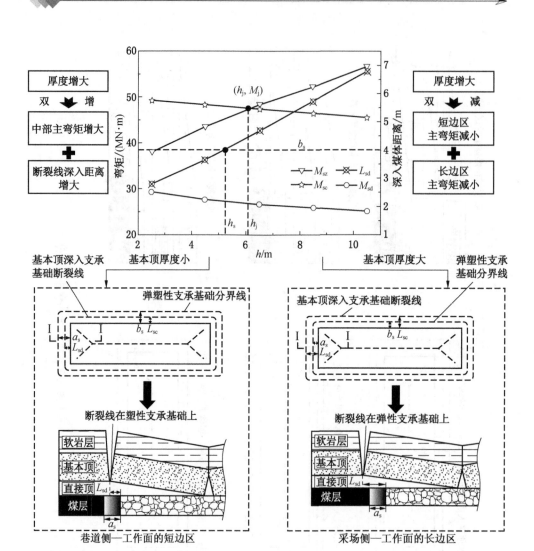

图 2-6　主弯矩及位置随基本顶厚度变化规律图

性煤体区上覆，h 较小时长边破断线在塑化煤体区上覆；h 值越大，长边破断线深入煤体距离 L_{sc} 越大，即基本顶越厚，需要更大范围内的煤体约束基本顶才能发生破断，此时与固支边界模型的差距也越大；短边破断位置 L_{sd} 与长边 L_{sc} 的变化规律相同。

　　（2）基本顶破断顺序及形态方面：随 h 值减小，基本顶中部主弯矩 M_{sz} 减小，而长边与短边的主弯矩 M_{sc} 与 M_{sd} 逐渐增大。①当 h 较小时，$M_{sc} > M_{sz} > M_{sd}$，基本顶破断顺序为：长边深入塑化煤体区上表面→中部下表面→短边深入塑化煤体区上表面，最终在塑化煤体区上覆形成 "O" 形断裂圈，整体为 "O - X" 形破断形态。②当 h 较大时，$M_{sz} > M_{sc} > M_{sd}$，基本顶破断顺序为：中部下表面→长边深入弹性煤体区上表面→短边深入弹性煤体区上表面，最终在弹性煤体区上方形成 "O" 形断裂圈，整体破断形态为 "O - X" 形。③当 $h = h_s$ 时，基本顶 "O" 形断裂圈在煤体弹塑性分界线区域。④当 $h = h_j$ 时，$M_{sz} = M_{sc} = M_j$，即存在基本顶中部与长边同时破断的情况。基本顶弹模 E 对破断规律的影响与 h 相似。

而固支边模型得到基本顶断裂线沿着煤壁与 h 及 E 值无关，可见固支边界模型所得结论与实际差距较大，尤其是破断位置及破断顺序方面。

2.4.4　破断特征的跨度效应

开采悬顶跨度越大，即代表基本顶的强度越大，那么研究跨度 L 对弹塑性基础边界基本顶破断规律的影响就是间接研究基本顶强度对破断规律的影响。由图 2 - 7 可得如下结论：

（1）基本顶破断位置方面：随 L 值增大，长边主弯矩 M_{sc} 深入煤体距离 L_{sc} 由大于煤体塑性区宽度 b_s 过渡到逐步小于 b_s，这说明 L 较小时长边破断线在未塑化的弹性煤体区上覆，L 较大时长边破断线在塑化煤体区上覆；L 值越小，长边破断线深入煤体距离 L_{sc} 越大，此时与固支边界模型的差距也越大；短边破断位置 L_{sd} 与长边 L_{sc} 的变化规律相同。

（2）基本顶破断顺序方面：①L 较大时，$M_{sc} > M_{sz} > M_{sd}$，基本顶破断顺序为：长边深入塑化煤体区上表面→中部下表面→短边深入塑化煤体区上表面，最终在塑化煤体区上方形成 "O" 形断裂圈，整体破断形态为 "O - X" 形。②L 较小时，$M_{sz} > M_{sc} > M_{sd}$，基本顶破断顺序为：中部下表面→长边深入弹性煤体区上表面→短边深入弹性煤体区上表面，最终在弹性煤体区上方形成 "O" 形断裂圈，整体破断形态为 "O - X" 形。③$L = L_s$ 时，基本顶 "O" 形断裂圈在煤体弹塑性分界线区域。④$L = L_j$ 时，$M_{sz} = M_{sc} = M_j$，即存在基本顶中部与长边同时破断的情况。

而固支边模型得到基本顶断裂线沿着煤壁与 L 值无关，可见固支边界模型所得结论与实际差距较大，尤其是破断位置及破断顺序方面。

2.4.5　破断特征的煤体塑化范围 b_0 效应

根据图 2 - 8 可知，煤体的塑化范围 b_0 不仅可以显著改变基本顶的破断位置

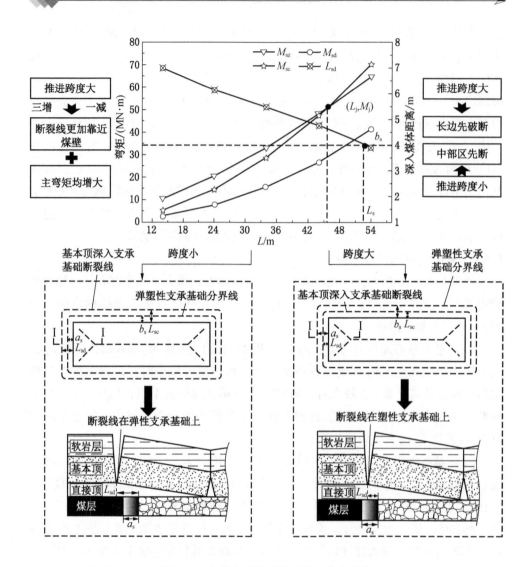

图 2-7 主弯矩及位置随跨度 L 变化规律

且可以改变基本顶的破断顺序。

(1) 基本顶破断位置方面：随煤体塑化范围 b_0 值增大，长边主弯矩 M_{sc} 深入煤体距离增大；当 $b_0 = b_{0s}$ 时，$L_{sc} = L_{0sc} = b_{0s}$，即煤体塑化范围与基本顶长边断裂线深入煤体距离相等，可见，b_0 较小时长边破断线在弹性煤体区上覆，b_0 较大时长边破断线在塑化煤体区上覆；b_0 越大，长边破断线深入煤体距离 L_{sc} 越大，

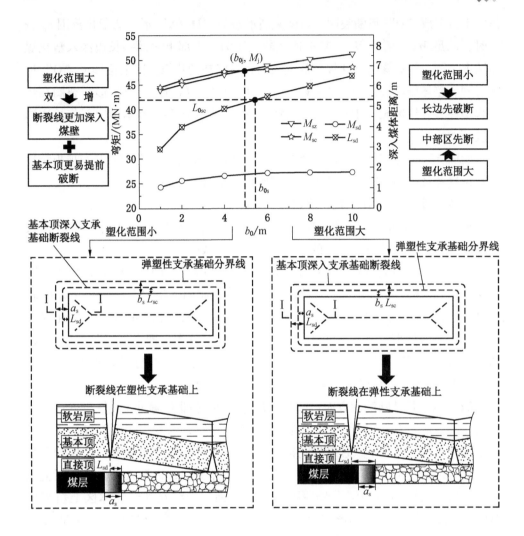

图2-8　主弯矩及位置随 b_0 变化规律

即煤体塑化范围越大，约束基本顶下沉变形的能力越弱，破断线越深入煤壁，此时与固支边界模型的差距也越大；短边破断位置 L_{sd} 与长边 L_{sc} 的变化规律相同。

（2）基本顶破断顺序方面：煤体塑化范围 b_0 增大时，各个主弯矩均增大，这相当于煤体支撑基本顶的能力减弱（或说悬顶程度增大），所以各个主弯矩均增大；①塑化范围 b_0 较小时，满足 $M_{sc} > M_{sz} > M_{sd}$，基本顶破断顺序为：长边深入弹性煤体区上表面→中部下表面→短边深入弹性煤体区上表面，最终在弹性煤体区上方形成"O"形断裂圈，整体破断形态为"O-X"形。②塑化范围 b_0 较大时，满足 $M_{sz} > M_{sc} > M_{sd}$，基本顶破断顺序为：中部下表面→长边深入塑化煤体区上表面→短边深入塑化煤体区上表面，最终在塑化煤体区上覆形成"O"形断裂圈，整体破断形态为"O-X"形。③ $b_0 = b_{0s} = L_{0sc}$ 时，"O"形断裂圈在煤体弹塑性分界线区域。④ $b_0 = b_{0j}$ 时，$M_{sz} = M_{sc} = M_j$，即存在基本顶中部与长边同时破断的情况。

而固支边模型与弹性基础边界模型均无法研究煤体塑化范围对基本顶板结构破断位置及规律的影响，可见传统模型所得结论有局限性。

2.4.6 破断特征的煤体塑化程度效应

根据图 2-9 可知，煤体的塑化程度（采用浅部塑化煤体基础系数 k_0 来表征）不仅可以显著改变基本顶的破断位置且可以改变基本顶的破断顺序。

（1）基本顶破断位置方面：随煤体塑化程度增大（即 k_0 减小），长边主弯矩 M_{sc} 深入煤体距离 L_{sc} 由小于煤体塑化宽度 b_s 过渡到逐步大于 b_s，这说明 k_0 较小时长边破断线在未塑化的弹性煤体区上覆；k_0 较大时长边破断线在塑化煤体区上覆；k_0 值越小，长边破断线深入煤体距离 L_{sc} 越大，即煤体塑化程度越大，约束基本顶下沉变形的能力越弱，破断线越深入煤体，此时与固支边界模型的差距也越大；短边破断位置 L_{sd} 与长边 L_{sc} 的变化规律相同。

（2）基本顶破断顺序方面：塑化程度增大时（即 k_0 减小），各个主弯矩均增大，且长边 M_{sc} 增长程度大于中部 M_{sz} 的增长幅度，这相当于浅部煤体支撑基本顶的能力减弱，基本顶悬顶程度相对增大，所以各个主弯矩均增大。①塑化程度较大时，满足 $M_{sc} > M_{sz} > M_{sd}$，基本顶破断顺序为：长边深入弹性煤体区上表面→中部下表面→短边深入弹性煤体区上表面，最终在弹性煤体区上覆形成"O"形断裂圈，整体破断形态为"O-X"形。②塑化程度较小时，满足 $M_{sz} > M_{sc} > M_{sd}$，基本顶破断顺序为：中部下表面→长边深入塑化煤体区上表面→短边深入塑化煤体区上表面，最终在塑化煤体区上覆形成"O"形断裂圈，整体为"O-X"形破断形态。③ $k = k_{0s}$ 时，基本顶"O"形断裂圈在煤体弹塑性分界线区域。④ $k_0 = k_{0j}$ 时，$M_{sz} = M_{sc} = M_j$，即存在中部与长边同时破断的情况。

而固支边模型与弹性基础边界模型均无法研究煤体塑化程度对基本顶板结构破断位置及规律的影响，可见传统模型所得结论有局限性。

2.4.7 破断特征的影响因素之间存在的关系（比值不变规律）

根据图 2-10 所示，同时改变 k_t 与 h 的大小，且满足 k_t 与 k_0 取任意比值不

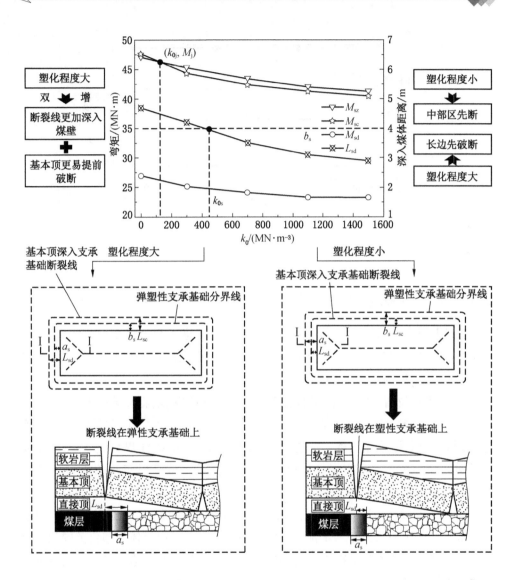

图2-9 主弯矩及位置随 k_0 变化规律图

变（图中两者比值为 10:1）， k_t 与 h^3 也取任意比值不变，可以得到弹塑性基础边界基本顶板结构各个主弯矩大小及位置均不改变，破断顺序和位置也不变。

可见，虽然弹塑性基础边界基本顶板结构破断的影响因素复杂，但是 k_0、k_t 与 h^3 之间满足上述"比值不变"条件时，具有破断规律不变的特征。

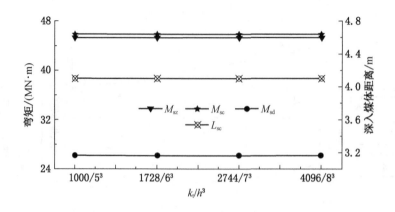

图 2-10　主弯矩及位置的影响因素权重关系

2.5　与弹性基础边界模型破断规律对比总结

弹性基础边界模型与弹塑性基础边界模型都考虑了煤体可变形的实际特征，但是考虑煤体塑化程度和塑化范围的模型得到传统模型得不到的诸多结论，更符合实际且对实践的指导意义显著。两类模型的对比说明如图 2-11 所示。

（1）破断位置方面。两类模型都可以得到基本顶深入煤体断裂，但是弹性基础边界模型只能得到断裂线在弹性煤体区，而本章模型得到基本顶的断裂线位置主要有三种：一是弹性煤体区，二是塑性煤体区，三是煤体的弹塑性分界线。本章模型更加全面且符合实际，对工程实践的指导意义更大。

（2）破断顺序方面。基本顶的初次破断位置都有两类：一是长边超前煤壁区的基本顶上表面，二是基本顶悬顶区中部的下表面，但煤体的塑化范围和塑化程度也显著影响基本顶的破断位置和破断顺序，而弹性基础边界模型无法得到实际工程中煤体必然塑化引起基本顶破断顺序改变的结论。

（3）破断形态方面。基本顶岩板整体破断形态都是"O-X"形，而本章模型得到基本顶 O 形圈位置有三类，一是在弹性煤体区上覆，二是在塑性煤体区上覆，三是在煤体的弹塑性分界线上覆，而弹性基础边界模型只能得到 O 形圈在煤体的弹性区上覆，显然本章模型得到的结论更加全面且符合实际。

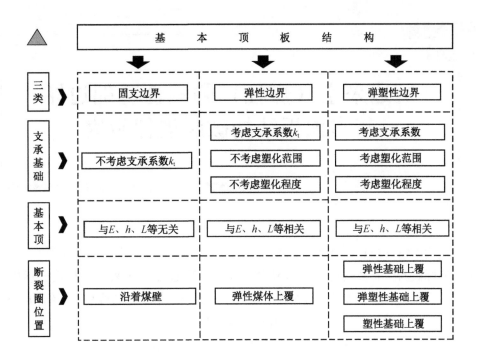

图 2 – 11　两类模型结果对比图

3

短边采空（煤柱）弹塑性基础边界基本顶板结构破断规律研究

短边采空（煤柱）条件下，采场基本顶板结构在实体煤区与短边煤柱区上覆的实际破断位态及变化模式（位置、顺序、形态等）对采场顶板灾害预警、沿空巷道位置选择、停采面合理位置确定、近距离煤层的遗留煤柱覆岩结构特征及失稳条件研究等方面具有重要理论意义和实际价值。

一直以来，矿业科技工作者主要从理论计算、相似模拟、数值计算及现场实测等方面研究覆岩的破断规律，如固支、简支及自由边界条件下顶板梁及板的破断扰动规律等，其中理论研究是量化分析并解决采矿工程问题的重要方法之一。

理论研究的关键是力学模型的载体及边界条件，通常根据研究问题的需要及计算的难易程度来决定构建力学模型的类别。而对于基本顶板结构破断规律的研究，尤其是对短边采空（煤柱）条件下基本顶板结构力学模型的研究主要有"实体煤侧固支＋煤柱侧简支梁模型""三边固支＋一侧简支板模型"及"三边弹性基础边界＋一侧煤柱支撑板模型"，该类研究所得结论不断推进了对短边采空（煤柱）条件下基本顶在实体煤和煤柱侧破断规律的深入认识，在理论和实践指导上均有进步意义。

然而，岩梁模型无法研究全区域的破断位态，所以局限性较大；对于传统的固支板模型，由于基本顶下伏的支撑基础——煤体的刚度小于基本顶的刚度数倍，远无法严格满足固支边界，所以无法研究基本顶深入煤体及煤柱破断的实际特征，缺陷较大；而对于"三边弹性基础边界＋一侧煤柱支撑板模型"在传统模型基础上有本质性进步，且丰富了对一侧采空基本顶破断规律的认识，但是依旧有一定缺陷，因为未考虑实体煤区必然发生塑化，特别是大范围塑化条件下，不能忽略煤体塑化范围和程度的影响，而煤体塑化必然显著影响基本顶在煤柱区及实体煤区的破断位置、破断顺序及形态等。

　　本章针对采矿工程中广泛存在的工作面短边采空（煤柱）问题，构建同时考虑实体煤塑化程度和塑化范围、煤柱宽度及塑化程度的短边采空（煤柱）条件下基本顶板结构破断力学模型，研究基本顶长边区域及短边区深入煤体断裂位置的分区属性（弹性区、塑性区、弹塑性分界区）及非对称性和非同区性，研究煤柱区域基本顶的破断模式及影响因素，这对弥补传统模型的缺陷和不足，提高对短边采空（煤柱）条件下基本顶板结构破断规律的认识深度等，具有重要意义。

3.1　短边采空（煤柱）边界条件分析

　　短边采空（煤柱）条件下的长壁开采工作面，开采区域周边的三侧为实体煤、一侧为煤柱，其中，三侧实体煤区的基本顶由下伏直接顶和煤层支撑，采空侧的基本顶主要由煤柱支撑。如图3-1所示，传统模型为了简化计算，假设实

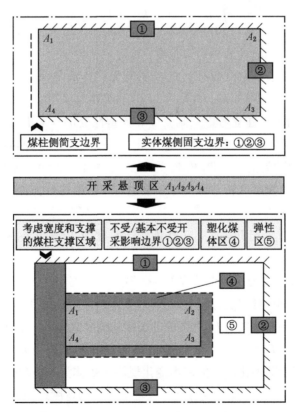

图3-1　短边采空（煤柱）边界条件对比示意图

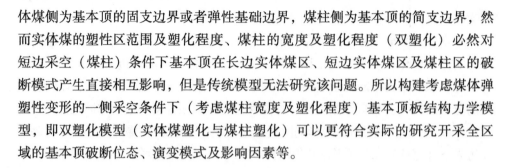

体煤侧为基本顶的固支边界或者弹性基础边界，煤柱侧为基本顶的简支边界，然而实体煤的塑性区范围及塑化程度、煤柱的宽度及塑化程度（双塑化）必然对短边采空（煤柱）条件下基本顶在长边实体煤区、短边实体煤区及煤柱区的破断模式产生直接相互影响，但是传统模型无法研究该问题。所以构建考虑煤体弹塑性变形的一侧采空条件下（考虑煤柱宽度及塑化程度）基本顶板结构力学模型，即双塑化模型（实体煤塑化与煤柱塑化）可以更符合实际的研究开采全区域的基本顶破断位态、演变模式及影响因素等。

3.2 短边采空（煤柱）弹塑性基础边界基本顶板结构力学模型构建

3.2.1 力学模型建立

根据弹性薄板力学假设：

$$\left(\frac{1}{100} \sim \frac{1}{80}\right) \leqslant \frac{h}{l} \leqslant \left(\frac{1}{8} \sim \frac{1}{5}\right) \tag{3-1}$$

式中，h 为板厚度，m；l 为板短边长度，m。

一般条件下短边采空（煤柱）的长壁开采工作面均满足上式，即符合弹性薄板假设。

如图 3-2 所示，建立考虑三侧实体煤弹塑性变形且考虑煤柱宽度和塑化程度（支撑系数）的弹塑性基础边界短边采空（煤柱）基本顶板结构初次破断力学模型。其中，区域边界 $W_1W_2W_3W_4$ 为不受/基本不受开采扰动影响的边界，那么该边界各截面的挠度和转角均为零。设边 W_1W_2 距离 O 点距离为 y_t，边 W_2W_3 距离 O 点距离为 x_t。

区域 $A_1A_2A_3A_4$ 为已开采区，工作面倾向长度为 $2x_0$，走向宽度为 $2y_0$，基本顶承担载荷为 q。

矩形圈 $T_1T_2T_3T_4$ 为实体煤的弹塑性分界边，长边塑性区宽度为 L_{tsc}，短边塑性区宽度为 L_{tsd}，也可简化长边与短边区域的煤体塑性区宽度为 L_{ts}；实体煤侧起始边界区的支撑基础系数为 k_{s0}，弹性区煤体基础系数为 k_t，满足 $k_t > k_{s0} \geqslant 0$，k_s 为塑性区煤体基础系数（$k_t > k_s > k_{s0}$），且 k_s 经路径 L_{ts} 正相关增长到 k_t，符合塑性区煤体塑化程度随塑化深度的基本变化规律（煤体深处，塑化程度越小）。

区域 $W_1W_{m1}W_4W_{m2}$ 为煤柱支撑区，煤柱支撑区的宽度设为 L_m，煤柱支撑基础系数设为 k_{sm}，且 $k_t > k_{sm} \geqslant 0$。基本顶在已经开采区 Ω_o、煤体塑化区 Ω_s、弹性煤

体区 Ω_t、煤柱区 Ω_m 的挠度偏微分方程见表 3－1。

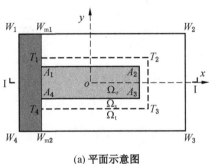

(a) 平面示意图

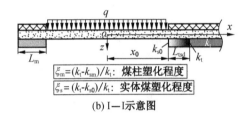

(b) I—I示意图

图 3－2　弹塑性基础边界短边采空（煤柱）基本顶板模型

表 3－1　各分区挠度方程

所 属 分 区	各分区挠度偏微分方程
Ω_o 区，挠度函数设为 $\omega_{s0}(x,y)$	$\dfrac{\partial^4 \omega_{s0}(x,y)}{\partial x^4} + 2\dfrac{\partial^4 \omega_{s0}(x,y)}{\partial x^2 \partial y^2} + \dfrac{\partial^4 \omega_{s0}(x,y)}{\partial y^4} = \dfrac{1}{D}q$
Ω_s 区，挠度函数设为 $\omega_{ss}(x,y)$	$\dfrac{\partial^4 \omega_{ss}(x,y)}{\partial x^4} + 2\dfrac{\partial^4 \omega_{ss}(x,y)}{\partial x^2 \partial y^2} + \dfrac{\partial^4 \omega_{ss}(x,y)}{\partial y^4} = \dfrac{-k_s \omega_{ss}(x,y)}{D}$
Ω_t 区，挠度函数设为 $\omega_{st}(x,y)$	$\dfrac{\partial^4 \omega_{st}(x,y)}{\partial x^4} + 2\dfrac{\partial^4 \omega_{st}(x,y)}{\partial x^2 \partial y^2} + \dfrac{\partial^4 \omega_{st}(x,y)}{\partial y^4} = \dfrac{-k_t \omega_{st}(x,y)}{D}$
Ω_m 区，挠度函数设为 $\omega_{sm}(x,y)$	$\dfrac{\partial^4 \omega_{sm}(x,y)}{\partial x^4} + 2\dfrac{\partial^4 \omega_{sm}(x,y)}{\partial x^2 \partial y^2} + \dfrac{\partial^4 \omega_{sm}(x,y)}{\partial y^4} = \dfrac{-k_{sm} \omega_{sm}(x,y)}{D}$

$$\begin{cases} \xi_m = (k_t - k_{sm})/k_t \\ \xi_s = (k_t - k_{s0})/k_t \end{cases} \tag{3-2}$$

式中，ξ_m 为煤柱的塑化程度；ξ_s 为实体煤塑化程度。

$$D = \frac{Eh^3}{12(1-\mu^2)} \qquad (3-3)$$

式中，h 为基本顶厚度，m；μ 为泊松比；E 为弹性模量，GPa。

3.2.2 边界条件

3.2.2.1 开采区与实体煤区的连续条件

$$\begin{cases} -x_0 \leq x \leq x_0 \\ y = \pm y_0 \end{cases}, \begin{cases} \omega_{s0}(x, \pm y_0) = \omega_{ss}(x, \pm y_0) \\ \dfrac{\partial}{\partial y}\nabla^2\omega_{s0} = \dfrac{\partial}{\partial y}\nabla^2\omega_{ss} \\ \dfrac{\partial^2\omega_{s0}}{\partial y^2} + \mu\dfrac{\partial^2\omega_{s0}}{\partial x^2} = \dfrac{\partial^2\omega_{ss}}{\partial y^2} + \mu\dfrac{\partial^2\omega_{ss}}{\partial x^2} \\ \dfrac{\partial\omega_{s0}}{\partial y} = \dfrac{\partial\omega_{ss}}{\partial y} \end{cases} \qquad (3-4)$$

$$\begin{cases} -y_0 \leq y \leq y_0 \\ x = x_0 \end{cases}, \begin{cases} \omega_{s0}(\pm x_0, y) = \omega_{ss}(\pm x_0, y) \\ \dfrac{\partial}{\partial x}\nabla^2\omega_{s0} = \dfrac{\partial}{\partial x}\nabla^2\omega_{ss} \\ \dfrac{\partial^2\omega_{s0}}{\partial x^2} + \mu\dfrac{\partial^2\omega_{s0}}{\partial y^2} = \dfrac{\partial^2\omega_{ss}}{\partial x^2} + \mu\dfrac{\partial^2\omega_{ss}}{\partial y^2} \\ \dfrac{\partial\omega_{s0}}{\partial x} = \dfrac{\partial\omega_{ss}}{\partial x} \end{cases} \qquad (3-5)$$

区域 $A_1A_2A_3A_4$ 为已开采区，该矩形的三边（A_1A_2、A_2A_3、A_3A_4）为开采区域与实体煤壁分界边，该分界边满足连续条件（截面的剪力、挠度、弯矩及转角均连续），如式（3-4）与式（3-5）。

3.2.2.2 实体煤弹性区与塑性区的连续条件

$$\begin{cases} -x_0 \leq x \leq x_0 + L_{tsd} \\ y = \pm(y_0 + L_{tsc}) \end{cases}, \begin{cases} \omega_{ss}(x, y) = \omega_t(x, y) \\ \dfrac{\partial}{\partial y}\nabla^2\omega_{ss} = \dfrac{\partial}{\partial y}\nabla^2\omega_t \\ \dfrac{\partial^2\omega_{ss}}{\partial y^2} + \mu\dfrac{\partial^2\omega_{ss}}{\partial x^2} = \dfrac{\partial^2\omega_t}{\partial y^2} + \mu\dfrac{\partial^2\omega_t}{\partial x^2} \\ \dfrac{\partial\omega_{ss}}{\partial y} = \dfrac{\partial\omega_t}{\partial y} \end{cases} \qquad (3-6)$$

$$\begin{cases} -y_0 - L_{tsc} \leqslant y \leqslant y_0 + L_{tsc} \\ x = x_0 + L_{tsd} \end{cases}, \begin{cases} \omega_{ss}(x_0 + L_{tsd}, y) = \omega_t(x_0 + L_{tsd}, y) \\ \dfrac{\partial}{\partial x}\nabla^2 \omega_{ss} = \dfrac{\partial}{\partial x}\nabla^2 \omega_t \\ \dfrac{\partial^2 \omega_{ss}}{\partial x^2} + \mu \dfrac{\partial^2 \omega_{ss}}{\partial y^2} = \dfrac{\partial^2 \omega_t}{\partial x^2} + \mu \dfrac{\partial^2 \omega_t}{\partial y^2} \\ \dfrac{\partial \omega_{ss}}{\partial x} = \dfrac{\partial \omega_t}{\partial x} \end{cases} \quad (3-7)$$

边 $T_1 T_2$、边 $T_3 T_4$ 与边 $T_2 T_3$ 为实体煤的塑性区与弹性区的分界边，满足连续条件，如式 (3-6) 与式 (3-7)。

3.2.2.3 煤柱区与开采区、塑性区、弹性区连续条件

边 $A_4 A_1$ 为开采区与煤柱的分界边，边 $A_1 T_1$、$A_4 T_4$ 为煤柱与塑性实体煤的分界边，满足连续条件，如式 (3-8) ~式 (3-10)。

$$\begin{cases} -y_0 \leqslant y \leqslant y_0 \\ x = -x_0 \end{cases}, \begin{cases} \omega_{s0}(-x_0, y) = \omega_{sm}(-x_0, y) \\ \dfrac{\partial}{\partial x}\nabla^2 \omega_{s0} = \dfrac{\partial}{\partial x}\nabla^2 \omega_{sm} \\ \dfrac{\partial^2 \omega_{s0}}{\partial x^2} + \mu \dfrac{\partial^2 \omega_{s0}}{\partial y^2} = \dfrac{\partial^2 \omega_{sm}}{\partial x^2} + \mu \dfrac{\partial^2 \omega_{sm}}{\partial y^2} \\ \dfrac{\partial \omega_{s0}}{\partial x} = \dfrac{\partial \omega_{sm}}{\partial x} \end{cases} \quad (3-8)$$

$$\begin{cases} -y_0 - L_{tsc} \leqslant y \leqslant -y_0 \\ y_0 \leqslant y \leqslant y_0 + L_{tsc} \\ x = -x_0 \end{cases}, \begin{cases} \omega_{ss}(-x_0, y) = \omega_{sm}(-x_0, y) \\ \dfrac{\partial}{\partial x}\nabla^2 \omega_{ss} = \dfrac{\partial}{\partial x}\nabla^2 \omega_{sm} \\ \dfrac{\partial^2 \omega_{ss}}{\partial x^2} + \mu \dfrac{\partial^2 \omega_{ss}}{\partial y^2} = \dfrac{\partial^2 \omega_{sm}}{\partial x^2} + \mu \dfrac{\partial^2 \omega_{sm}}{\partial y^2} \\ \dfrac{\partial \omega_{ss}}{\partial x} = \dfrac{\partial \omega_{sm}}{\partial x} \end{cases} \quad (3-9)$$

$$\begin{cases} y \leqslant -y_0 - L_{tsc} \\ y > y_0 + L_{tsc} \\ x = -x_0 \end{cases}, \begin{cases} \omega_{st}(-x_0, y) = \omega_{sm}(-x_0, y) \\ \dfrac{\partial}{\partial x}\nabla^2 \omega_{st} = \dfrac{\partial}{\partial x}\nabla^2 \omega_{sm} \\ \dfrac{\partial^2 \omega_{st}}{\partial x^2} + \mu \dfrac{\partial^2 \omega_{st}}{\partial y^2} = \dfrac{\partial^2 \omega_{sm}}{\partial x^2} + \mu \dfrac{\partial^2 \omega_{sm}}{\partial y^2} \\ \dfrac{\partial \omega_{st}}{\partial x} = \dfrac{\partial \omega_{sm}}{\partial x} \end{cases} \quad (3-10)$$

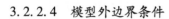
3.2.2.4 模型外边界条件

1. 弹性煤体区的外边界条件

由于该模型考虑了实体煤的塑性变形和弹性变形，其中弹性区的外边界（$W_{m1}W_2$、$W_{m2}W_3$、W_2W_4）需要考虑是否受到采动的影响，当所取外边界距离开采区较远时（一般该距离取 $3 \sim 5$ 倍开采区长边长度），该边界不受或者基本不受采动影响，此时确定的边界条件有利于模型求解，不受采动影响的边界任意截面挠度和转角均为零。

2. 煤柱区外边界条件

煤柱的邻空侧 W_1W_4 边与采空侧的破断块体为铰接关系，所以 W_1W_4 边可近似假设为简支边，该点区别于传统模型不考虑煤柱宽度（即煤柱整体为简支边），这样方可通过模型研究煤柱宽度及塑化程度对基本顶破断规律的影响。而煤柱区外边界 W_1W_{m1} 与 W_4W_{m2} 不受开采扰动影响，任意截面挠度和转角均为零。

3.3 模型求解方法及破断准则

要全面研究考虑煤体弹塑性变形及煤柱宽度和塑化程度（支撑系数）条件下的基本顶板结构全区域的应力状态、实体煤区基本顶断裂线与煤体弹塑性分界线的关系、煤柱区断裂位态等均需要得出在表 3-1 所列偏微分方程的解，显然该计算十分复杂且难以获得精确解。基于采矿工程问题的复杂性及工程尺度的要求，确定以有限差分的近似计算解法完成上述边界条件下的偏微分方程组的求解，可满足工程尺度的要求。

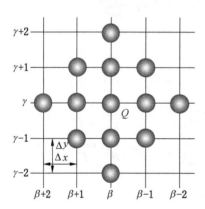

图 3-3 差分节点编号

基本顶在煤柱区、开采区、塑性煤体区及弹性煤体区的偏微分方程（表 3-1），需要通过差分法（节点代号如图 3-3 所示，节点间距 $\Delta x = \Delta y$）转化为差分方程。式（3-11）~ 式（3-14）为表 3-1 所列偏微分方程转化后的差分方程。

$$-\frac{q_{\beta,\gamma}\Delta x^4}{D} + \omega_{\beta+2,\gamma} + \omega_{\beta-2,\gamma} + \omega_{\beta,\gamma+2} + \omega_{\beta,\gamma-2} +$$

$$20\omega_{\beta,\gamma} - 8(\omega_{\beta+1,\gamma} + \omega_{\beta-1,\gamma} + \omega_{\beta,\gamma+1} + \omega_{\beta,\gamma-1}) +$$

$$2(\omega_{\beta+1,\gamma+1} + \omega_{\beta+1,\gamma-1} + \omega_{\beta-1,\gamma+1} + \omega_{\beta-1,\gamma-1}) = 0 \tag{3-11}$$

$$8(\omega_{\beta+1,\gamma} + \omega_{\beta-1,\gamma} + \omega_{\beta,\gamma+1} + \omega_{\beta,\gamma-1}) - 20\omega_{\beta,\gamma} -$$

$$2(\omega_{\beta+1,\gamma+1} + \omega_{\beta+1,\gamma-1} + \omega_{\beta-1,\gamma+1} + \omega_{\beta-1,\gamma-1}) -$$

$$\omega_{\beta+2,\gamma} - \omega_{\beta-2,\gamma} - \omega_{\beta,\gamma+2} - \omega_{\beta,\gamma-2} = \Delta y^4 \frac{\omega_{\beta,\gamma} k_{sm}}{D} \tag{3-12}$$

$$8\left(\omega_{\beta+1,\gamma} + \omega_{\beta-1,\gamma} + \omega_{\beta,\gamma+1} + \omega_{\beta,\gamma-1}\right) - \Delta x^4 \frac{k_t}{D}\right)\omega_{\beta,\gamma} -$$

$$2(\omega_{\beta+1,\gamma+1} + \omega_{\beta+1,\gamma-1} + \omega_{\beta-1,\gamma+1} + \omega_{\beta-1,\gamma-1} -$$

$$\omega_{\beta+2,\gamma} - \omega_{\beta-2,\gamma} - \omega_{\beta,\gamma+2} - \omega_{\beta,\gamma-2} = 20\omega_{\beta,\gamma} \tag{3-13}$$

$$\left(20 + \Delta x^4 \frac{k_s}{D}\right)\omega_{\beta,\gamma} - 8(\omega_{\beta+1,\gamma} + \omega_{\beta-1,\gamma} + \omega_{\beta,\gamma+1} + \omega_{\beta,\gamma-1}) +$$

$$2(\omega_{\beta+1,\gamma+1} + \omega_{\beta+1,\gamma-1} + \omega_{\beta-1,\gamma+1} + \omega_{\beta-1,\gamma-1}) +$$

$$\omega_{\beta+2,\gamma} + \omega_{\beta-2,\gamma} + \omega_{\beta,\gamma+2} + \omega_{\beta,\gamma-2} = 0 \tag{3-14}$$

基本顶在煤柱区、开采区、塑性煤体区及弹性煤体区的偏微分方程与外边界条件方程转化为差分方程后，各个分区的基本顶的挠度（任一节点的）可通过具有十三个挠度未知节点的差分方程来表达，各个节点的挠度之间均满足各区域的挠度差分方程，所以可以组建未知节点挠度的差分方程组，加之边界条件差分方程，便求解出全区域任一节点的挠度解，可通过 Matlab 软件开展辅助计算。

$$\begin{cases}
(M_x)_{\beta,\gamma} = -D\left(\frac{\partial^2 \omega}{\partial x^2} + \mu\frac{\partial^2 \omega}{\partial y^2}\right)_{\beta,\gamma} = -\frac{D}{(\Delta x)^2}\left[(\omega_{\beta-1,\gamma} - 2\omega_{\beta,\gamma} + \omega_{\beta+1,\gamma}) - \right. \\
\left. \mu(\omega_{\beta,\gamma-1} - 2\omega_{\beta,\gamma} + \omega_{\beta,\gamma+1})\right] \\
(M_y)_{\beta,\gamma} = -D\left(\frac{\partial^2 \omega}{\partial y^2} + \mu\frac{\partial^2 \omega}{\partial x^2}\right)_{\beta,\gamma} = -\frac{D}{(\Delta y)^2}\left[(\omega_{\beta,\gamma-1} - 2\omega_{\beta,\gamma} + \omega_{\beta,\gamma+1}) - \right. \\
\left. \mu(\omega_{\beta-1,\gamma} - 2\omega_{\beta,\gamma} + \omega_{\beta+1,\gamma})\right] \\
(M_{xy})_{\beta,\gamma} = -D(1-\mu)\left(\frac{\partial^2 \omega}{\partial x \partial y}\right)_{\beta,\gamma} = -\frac{D(1-\mu)}{4\Delta x \Delta y}(\omega_{\beta-1,\gamma-1} - \omega_{\beta+1,\gamma-1} + \\
\omega_{\beta+1,\gamma+1} - \omega_{\beta-1,\gamma+1})
\end{cases}$$

$$\tag{3-15}$$

$$\begin{cases}
(M_1)_{\beta,\gamma} \\
(M_3)_{\beta,\gamma}
\end{cases} = \frac{(M_x)_{\beta,\gamma} + (M_y)_{\beta,\gamma}}{2} \pm \sqrt{\left(\frac{(M_x)_{\beta,\gamma} - (M_y)_{\beta,\gamma}}{2}\right)^2 + (M_{xy})_{\beta,\gamma}^2} \tag{3-16}$$

由于弯矩分量可以通过各个节点的挠度解进行计算［如式（3-15）］，可见首先求出挠度解至关重要，节点挠度解带入弯矩分量方程得出节点的弯矩，再由节点弯矩带入主弯矩差分方程［式（3－16）］得到基本顶全区域的主弯矩分布特征图，基于主弯矩的数值大小及位置与弯矩极限进行对比方可判定基本顶是否发生破断以及破断的顺序、位置及形态等。同时，构建的方程可研究基本顶的尺寸、厚度、弹模、煤柱宽度和支撑系数等变化时的量化关系，所以该模型可以深入全面的研究弹塑性基础边界短边采空条件下基本顶的破断模式及变化规律。

3.4 短边煤柱＋弹塑性基础的基本顶全区域力学特征及破断模式分析

由表达弹塑性基础边界与短边采空（煤柱）条件下的基本顶板结构各区域挠度方程可知，基本顶破断规律由煤体塑化程度、塑化范围、基本顶厚度、弹性模量、开采区域跨度（长宽比、基本顶抗拉强度等）、弹性煤体的基础系数、煤柱宽度及塑化程度等决定，要研究清楚该规律首先需要明确弹塑性基础边界短边采空（煤柱）条件下基本顶全区域的应力状态，得到各个区域的主弯矩极值大小及位置特征，进而可判断基本顶的破断模式。

图3－4为本章模型得到的基本顶全区域主弯矩分布特征云图，（只是展示了 h 改变时的云图基本特征，其他因素也会产生此类特征，后续内容采用控制变量法研究各种因素对破断规律的影响，以此为基础详细展示本章模型得到的新结论）。其中，工作面推进跨度及倾向长度分别为 42 m 及 126 m；表征基本顶参数的 E、h、μ、q 分别为 32 GPa、（2.2 m、6.2 m、8.2 m）、0.24、0.35 MPa；表征实体煤浅部塑化程度的参数 k_{s0}、实体煤深部弹性区基础系数 k_t、煤体塑性区深度 L_{ts} 分别为 0、1.6 GN/m^3、3 m；煤柱宽度为 5 m，支撑系数为 0.4 GN/m^3（$0.25k_t$）。

由图3－4的基本顶板结构全区域弯矩云图及断裂圈特征图可得如下基本结论：

1. 开采区周边基本顶破断模式

实体煤侧与煤柱侧的基本顶主弯矩分布特征及断裂圈位态差异显著。如图3－4a与图3－4c所示，在开采区域的两侧长边及短边深入实体煤区的主弯矩均为负值（上侧面先断），且为主弯矩极值区，并设长边区域的绝对值最大主弯矩为 M_{sc}（非长边中线上，距离煤壁的长度为 L_{sc}）；实体煤短边绝对值最大主弯矩为 M_{sd}（距离煤壁的长度为 L_{sd}）；中部区的主弯矩为正值（下侧面先断），绝对值

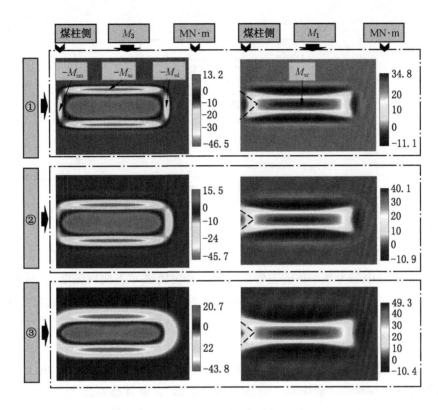

(a) 主弯矩云图位态特征(分别对应基本顶的厚度:2.2 m、6.2 m、8.2 m)

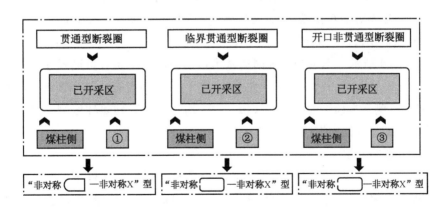

(b) 断裂线特征图

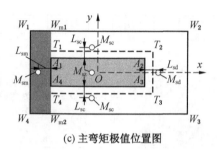

(c) 主弯矩极值位置图

图 3-4　弹塑性基础边界一侧采空模型基本特征

最大主弯矩设为 M_{sz}（非开采区中心点，中部偏煤柱侧）。

　　煤柱区域的基本顶主弯矩主要表现为三类：一是如图 3-4a 及图 3-4b 中的①所示，煤柱中部为基本顶的主弯矩极值区且为负值（上侧面先断），设该区域绝对值最大主弯矩为 M_{sm}（短边煤柱的中垂线上，距离煤柱内壁的长度为 L_{sm}），煤柱侧基本顶破断线为"单一连续长弧形"，整体破断圈为闭合贯通式"非对称 ⬭"形。二是如图 3-4a 及图 3-4b 中的③所示，煤柱区中部不存在主弯矩极值区，取而代之的是两侧对称分布的短弧形主弯矩迹线（对应区的上侧面先断），煤柱区基本顶破断线为"分隔式双短弧形"，整体破断圈为开口非贯通式"非对称 ⬭"形；三是如图 3-4a 及图 3-4b 中的②所示，处于上述两者之间的类型，即此时煤柱区中部的断裂线为一条与两条的临界状态，煤柱区基本顶破断线为"临界对接双长弧形"，整体破断圈为临界贯通式"非对称 ⬭"形。

　　2. 开采区中部的破断模式

　　如图 3-4 所示，不论开采区周边基本顶的断裂圈是闭合贯通式还是开口非贯通式，开采区上覆的基本顶均为非对称"X"形破断形态（基本顶的下侧面先断），且煤柱侧基本顶破断线的分叉段">"均延展贯穿到煤柱区域，且采空侧破断线的分叉起点偏向煤柱侧。

　　3. 总体破断模式

　　如图 3-4b 所示，弹塑性基础边界短边采空（煤柱）条件下，基本顶有三类破断模式，闭合贯通式的"非对称 ⬭-非对称 X"形、临界贯通式"非对称 ⬭-非对称 X"形及开口非贯通式"非对称 ⬭-非对称 X"形。

3.5 破断模式的直接因素分析

由表达基本顶全区域的偏微分方程可知,弹塑性煤体(塑化程度 ξ_s 和塑化范围 L_{ts})与一侧采空(煤柱宽度 L_m 与塑化程度 ξ_m)模型中的参数 ξ_s、L_{ts}、L_m 及 ξ_m 为影响其破断模式的直接影响因素。

3.5.1 破断模式的 L_{ts} 效应

图 3-5 为煤体塑化范围 L_{ts} 对基本顶破断模式的影响规律图(后文曲线的分区编号顺序均为从左向右依次编号,序号的编号无特定含义)。煤体塑化范围 L_{ts} 会改变基本顶的破断顺序及位置,且可决定在煤柱区的破断形态。

1. 破断顺序方面

如图 3-5a 中的(i)区所示,L_{ts} 较小时,$M_{sc} > M_{sz} > M_{sd}$,基本顶破断顺序为:长边→开采区中部→实体煤侧短边(其中长边与开采区中部的起断位置均靠近煤柱侧,下同,不再赘述),而煤柱区中部不破断;L_{ts} 较大时,如图 3-5a 中的(ii)区所示,破断顺序为开采区中部→长边→实体煤侧短边→煤柱区中部;存在长边与开采区中部同时破断的情况如 $L_{ts} = L_{ts0}$ 时。

2. 破断位置及形态方面

如图 3-5b、图 3-5c 及图 3-5d 所示,塑化范围增大时,实体煤区基本顶断裂线深入煤体的距离均增大,而煤柱区断裂线更靠近煤柱内壁,即断裂位置整体向实体煤区转移。

从整体的断裂圈形态及区位特征角度看,图 3-5 中主要展示了以下 7 类基本顶的破断模式。模式一,如图 3-5b 中的①区所示,当煤体塑化范围 L_{ts} 较小时,基本顶在煤柱区中部不发生破断,而是在煤柱中部的两侧破断扩展,所以煤柱区基本顶的破断形态为"分隔式双短弧形",长边与短边实体煤侧基本顶的破断线均在塑化煤体区上覆,整体破断形态为开口非贯通式"非对称 ▭ - 非对称 X"形。模式二,如图 3-5b 中的②区所示,当 $L_{ts} < L_{sc} < L_{sd}$ 时,实体煤侧基本顶断裂线均处于弹性煤体区上覆,煤柱侧断裂线为"单一连续长弧形",整体破断形态为闭合贯通式"非对称 ▭ - 非对称 X"形。模式三,如图 3-5b 中的③区所示,当 $L_{sc} < L_{ts} < L_{sd}$ 时,实体煤短边侧基本顶断裂线处于弹性煤体区上覆,而实体煤长边侧的破断线处于塑化煤体区上覆,煤柱侧断裂线为"单一连续长弧形",整体破断形态为闭合贯通式"非对称 ▭ - 非对称 X"形。模式四,如图 3-5b 中的④区所示,当 $L_{sc} < L_{sd} < L_{ts}$ 时,长边及实体煤短边的基本顶

断裂线均处于塑化煤体区上覆，整体破断形态为闭合贯通式"非对称⬭－非对称 X"形。模式五，如图 3－5b 所示，当 $L_{ts} = L_{ts0}$ 时（或附近区域），煤柱区基本顶破断线为"临界对接双长弧形"，断裂圈在弹性煤体区。模式六，如图 3－5b 所示，当 $L_{ts} = L_{sc-ts}$ 时，实体煤短边区基本顶断裂线在弹性煤体区，而长边区深入煤体的破断线与煤体的弹塑性分界线重合。模式七，如图 3－5b 所示，当 $L_{ts} = L_{sd-ts}$ 时，实体煤短边深入煤体区的破断线与煤体的弹塑性分界线重合，而长边破断线处于塑化煤体区。

3.5.2 破断模式的 ξ_s 效应

由于煤体塑化程度 $\xi_s = (k_t - k_{s0})/k_t$，$k_{s0}$ 增大即代表煤体塑化程度减小。如图 3－6 所示，煤体塑化程度既可改变基本顶的破断顺序，也可改变基本顶在实

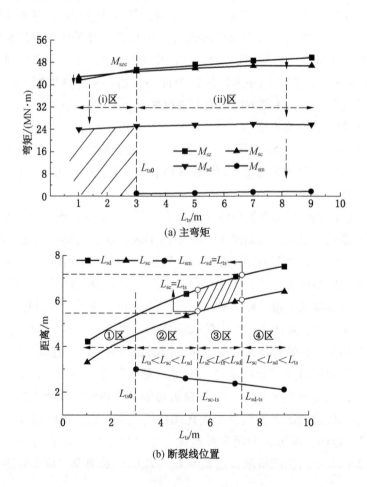

(a) 主弯矩

(b) 断裂线位置

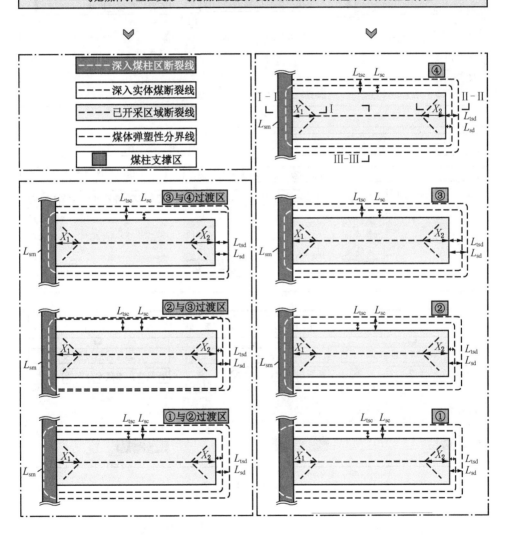

(c) 破断模式平面示意图

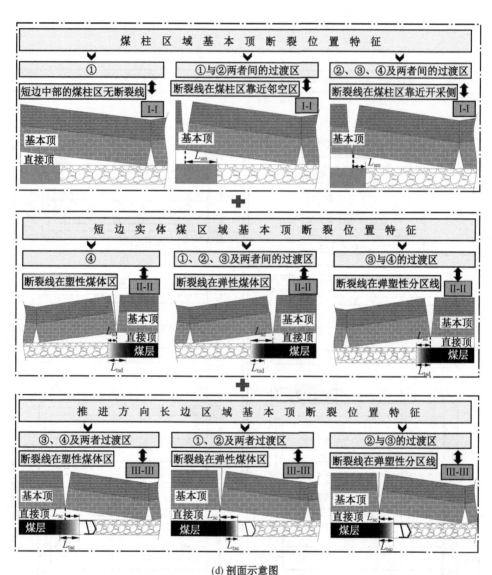

(d) 剖面示意图

图 3-5　煤体塑化范围 L_{ts} 对基本顶板结构破断模式的影响

体煤区的破断位置（包括实体煤区基本顶破断线距离煤壁距离、处于实体煤的哪类分区），以及在煤柱区的破断位置及形态等。

1. 破断顺序方面

煤体塑化程度 ξ_s 增大，基本顶相对悬顶面积增大，即受载面积增大，则实体煤区及煤柱区的主弯矩数值均增大。ξ_s 较大时，$M_{sc} > M_{sz} > M_{sd} > M_{sm}$，破断顺序为"长边→中部→实体煤短边→煤柱区"；$\xi_s$ 较小时，$M_{sd} < M_{sc} < M_{sz}$，基本顶在煤柱区中部不发生破断，而是在煤柱中部的两侧破断扩展，所以此时煤柱区基本顶的破断形态为"分隔式双短弧形"。

2. 破断位置方面

煤体塑化程度 ξ_s 减小时，长边与短边实体煤区基本顶的破断位置深入煤体的距离显著减小，而深入煤柱区的破断位置显著增大直至煤柱中部不发生破断，即 ξ_s 减小，煤柱区破断线的变化模式为"单一连续长弧形"→"临界对接双长弧形"→"分隔式双短弧形"。

如图 3-6 中的①区所示，煤体的塑化程度较大时，$L_{ts} < L_{sc} < L_{sd}$，长边与实体煤短边破断线均处于煤体的弹性区，整体破断形态为闭合贯通式"非对称⬭-非对称 X"形。

如图 3-6 中的②区及③区所示，随 ξ_s 减小，$L_{sc} < L_{ts} < L_{sd}$，实体煤短边侧基本顶断裂线处于弹性煤体区上覆，而实体煤长边侧的破断线处于塑化煤体区上覆，整体破断形态为闭合贯通式"非对称⬭-非对称 X"形或者开口非贯通式"非对称⬭-非对称 X"形。

如图 3-6 中的④区所示，随 ξ_s 减小，$L_{sc} < L_{sd} < L_{ts}$，实体煤长边与实体煤短边侧基本顶断裂线均处于塑性煤体区上覆，整体破断形态为开口非贯通式"非对称⬭-非对称 X"形。

随 ξ_s 减小，基本顶整体破断形态的变化模式为：闭合式"非对称⬭-非对称 X"形→临界贯通式"非对称⬭-非对称 X"形→开口非贯通式"非对称⬭-非对称 X"形。

3.5.3　破断模式的 L_m 效应

根据图 3-7 可知，支撑基本顶的煤柱宽度 L_m 主要改变基本顶的断裂形态，特别是煤柱区的断裂形态（即煤柱区的主弯矩），对实体煤区基本顶断裂线的区位特征（处于煤体的弹性区或塑性区等）影响小。

1. 破断位置方面

随着 L_m 减小，煤柱区的主弯矩显著减小，而实体煤区的主弯矩增大，但增长幅度小，这是因为煤柱宽度减小则承担载荷的能力减小，那么悬顶区的基本顶

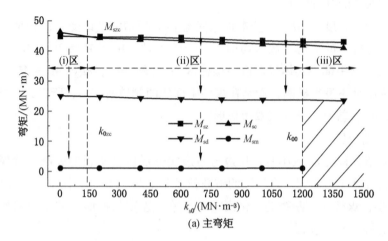

(a) 主弯矩

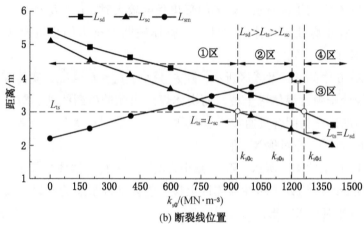

(b) 断裂线位置

图 3-6 破断规律的 k_{s0} 影响曲线

载荷更多地需要长边与短边实体煤来支撑,相应的出现了煤柱区主弯矩减小而实体煤区主弯矩增大的情况。

2. 破断形态方面

随着 L_m 减小,煤柱侧基本顶的断裂线距离煤柱内壁的距离显著减小(减小幅度降低),破断线的形态变化模式为:"单一连续长弧形"→"临界对接双长弧形"→"分隔式双短弧形"。

随着 L_m 减小,基本顶整体破断形态的变化模式为:闭合式"非对称 ▭ —

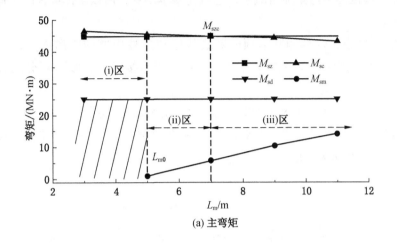

(a) 主弯矩

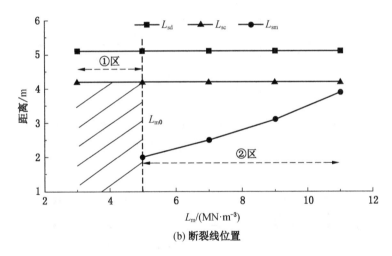

(b) 断裂线位置

图 3-7 破断规律的 L_m 影响曲线

非对称 X"形→临界贯通式"非对称 ▭ -非对称 X"形→开口非贯通式"非对称 ▭ -非对称 X"形。

3.5.4 破断模式的 k_{sm} 效应

根据图 3-8 可知,煤柱支撑系数 k_{sm} 主要改变基本顶的断裂形态,特别是煤柱区的断裂形态(即煤柱区的主弯矩),对实体煤区基本顶断裂线的区位特征影甚小(对实体煤区的主弯矩影响也小)。k_{sm} 减小意味着煤柱承担载荷的能力减小，所以煤柱区的主弯矩显著减小，总载荷基本不变，所以实体煤区的主弯矩会小幅增大。

随着 k_{sm} 减小，煤柱侧基本顶的断裂线距离煤柱内壁的距离增大，破断线的形态变化模式为："单一连续长弧形"→"临界对接双长弧形"→"分隔式双短弧形"。

随着 k_{sm} 减小，基本顶整体破断形态的变化模式为：闭合式"非对称 ▭ － 非对称 X"形→临界贯通式"非对称 ▭ － 非对称 X"形→开口非贯通式"非对称 ▭ － 非对称 X"形。

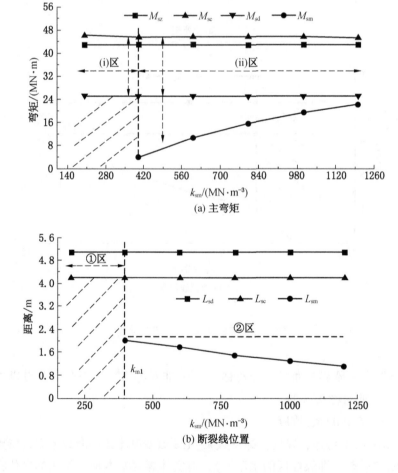

(a) 主弯矩

(b) 断裂线位置

图 3-8　破断规律的 k_{sm} 影响曲线

3.6 破断模式的间接因素分析

由上述分析可知，煤体的塑化程度和范围，煤柱的宽度和塑化程度直接影响了弹塑性基础边界一侧采空条件下基本顶板的全区域破断形态、破断线的区位特征及破断顺序等。

下面分析该模型的间接影响因素（与煤体塑化参数和煤柱参数非直接相关的因素），即基本顶的厚度、弹性模量、实体煤的弹性基础系数及推进跨度（长宽比）。

3.6.1 破断模式的 k_t 效应

根据图3-9可知，改变弹性区煤体基础系数 k_t，煤柱区及实体煤区的基本顶破断位态、破断顺序等有显著变化。

1. 破断顺序方面

当 k_t 增大时，实体煤长边与短边区域基本顶主弯矩均增大而中部区域及煤柱区的主弯矩减小。如图3-9a中的(i)区所示，当 k_t 较小时，$M_{sz} > M_{sc} > M_{sd} > M_{sm}$，破断顺序为中部→长边→实体煤侧短边→煤柱侧；当 k_t 较大时，如图3-9中的（ii）区和（iii）区所示，破断顺序为开采区长边→中部→实体煤侧短边→煤柱区中部（或煤柱中部区域不破断而中部区两侧形成短弧形破断形态）；存在长边与开采区中部同时破断的情况。

2. 破断位置及形态方面

如图3-9b所示，随着 k_t 增大，实体煤区基本顶断裂圈深入煤体距离显著减小，断裂位置区位变化模式：长边与实体煤短边均位于弹性煤体区→长边位于塑性煤体区而短边位于弹性煤体区→长边与实体煤短边均位于塑性煤体区。

随着 k_t 增大，煤柱区断裂线深入煤柱距离显著增大，直至煤柱中部区域无破断线，破断线的形态变化模式为："单一连续长弧形"→"临界对接双长弧形"→"分隔式双短弧形"。

随着 k_t 增大，基本顶整体破断形态的变化模式为：闭合式"非对称◯-非对称X"形→临界贯通式"非对称◯-非对称X"形→开口非贯通式"非对称◯-非对称X"形。

3.6.2 破断模式的 h 效应

根据图3-10可知，基本顶的厚度 h 对煤柱区及实体煤区的基本顶破断位态、破断顺序等有重要影响。

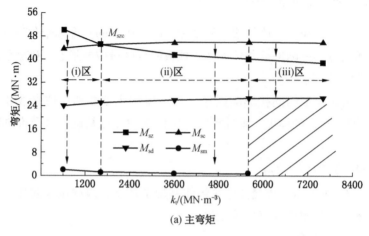

(a) 主弯矩

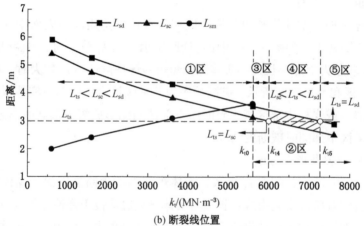

(b) 断裂线位置

图 3-9 破断规律的 k_t 影响曲线

1. 破断顺序方面

当 h 减小时，长边、实体煤短边与煤柱区的主弯矩均增大而开采区中部的主弯矩减小；当 h 较大时，$M_{sz} > M_{sc} > M_{sd} > M_{sm}$，破断顺序为：中部→长边→实体煤侧短边→煤柱区中部（或无极值区，即煤柱中部区域不破断而中部区两侧形成短弧形破断形态）；当 h 较小时，破断顺序为长边→中部→实体煤侧短边→煤柱区中部；存在长边与开采区中部同时破断的情况。

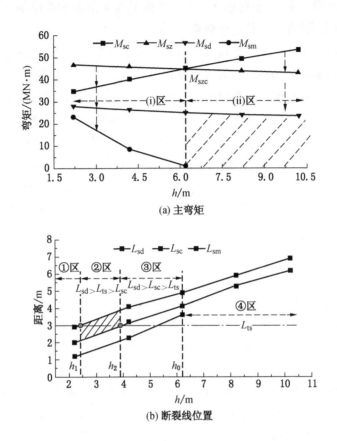

(a) 主弯矩

(b) 断裂线位置

图 3-10 破断规律的 h 影响曲线

2. 破断位置及形态方面

随着 h 减小，实体煤区及煤柱区的基本顶断裂圈深入煤体距离显著减小，破断线区位特征的变化模式为：长边与实体煤短边断裂线均位于弹性煤体区→长边断裂线位于塑性煤体区而短边断裂线位于弹性煤体区→长边与实体煤短边断裂线均位于塑性煤体区。

随 h 增大，基本顶在煤柱区断裂线深入煤柱距离显著增大，直至煤柱中部区域无破断线，破断线的形态变化模式为："单一连续长弧形"→"临界对接双长弧形"→"分隔式双短弧形"；基本顶整体破断形态的变化模式为：闭合贯通式"非对称▭–非对称 X"形→临界贯通式"非对称▭–非对称 X"形→开口非贯通式"非对称 ⟨▭⟩ – 非对称 X"形。弹模 E 与 h 的影响规律基本相同。

3.6.3 破断模式的跨度/长宽比效应

对于长壁工作面，推进跨度 L 的改变，表示基本顶悬顶的长宽比改变，同时跨度越大表示基本顶的强度也越大，悬顶跨度改变（长宽比改变），可以显著影响主弯矩大小及断裂圈深入煤体距离。随着 L 增大，基本顶断裂圈深入实体煤区距离显著减小，长边与实体煤短边区基本顶断裂线均由位于弹性煤体区逐步向塑性煤体区转移；整体破断形态的变化模式为：闭合贯通式"非对称 ⟨▭⟩ – 非对称"形→临界贯通式"非对称 ⟨▭⟩ – 非对称 X"形→开口非贯通式"非对称 ⟨▭⟩ – 非对称 X"形。随着 L 减小，煤柱区断裂线深入煤柱距离增大，直至煤柱中部区域无破断线，破断线的形态变化模式为："单一连续长弧形"→"临界对接双长弧形"→"分隔式双短弧形"。

3.7 模型结论对比

3.7.1 基本结论方面

由于板结构模型可以研究开采全区域顶板的破断位态特征及各特征区域之间的相互关系，比岩梁模型有无可替代的优势，所以采用板结构模型研究问题至关重要，特别是侧方采空条件下，是无法采用岩梁模型进行研究的。

当前，针对短边采空（煤柱）条件下基本顶板的破断问题主要有三类模型，第一类（第一阶段）是传统的"实体煤侧三边固支 + 煤柱侧简支模型"；第二类（第二阶段）是"实体煤侧三边弹性基础边界 + 考虑煤柱参数"的单一塑化模型；第三类（第三阶段）是本文建立的"实体煤侧三边弹塑性基础边界 + 考虑煤柱参数"的双塑化模型。

表 3 – 2 从模型特征、影响因素、初次破断位置、煤柱侧破断位置、实体煤侧破断位置及整体断裂位态及指导意义方面，全面对比了模型的区别，得到了传统模型得不到的诸多新结论。

3.7.2 指导意义方面

本章构建的短边采空（煤柱）基本顶板结构模型考虑的因素及所得结论相对于传统模型均更加全面，下面几个方面简要说明本章模型的指导意义。

1. 煤柱区域基本顶破断模式方面

煤柱的宽度及塑化程度，基本顶的 h、E，煤体的塑化程度及范围等均会显著影响煤柱区基本顶的破断模式，且破断模式差异显著，所以不可忽略这些因素

表 3-2　短边采空（煤柱）基本板结构模型对比

对比因素	一侧采空基本顶板结构模型对比		
类型	第一类板模型	第二类板模型	第三类板模型
	传统固支＋简支模型	弹性基础＋一侧采空模型	弹塑性基础＋一侧采空模型
模型特征	1. 实体煤侧固支边界 2. 煤柱侧简支边界	1. 只考虑实体煤弹性变形 2. 考虑煤柱宽度及支撑系数	1. 考虑煤体弹塑性变形 2. 考虑实体煤的塑化程度 3. 考虑实体煤的塑化范围 4. 考虑弹性煤体的基础系数 5. 考虑煤柱宽度及支撑系数 6. 考虑双塑化影响（实体煤塑化＋煤柱塑化）
破断因素	1. 与煤体 k_t、k_{s0} 无关 2. 与煤柱 L_m、k_{sm} 无关 3. 与基本顶 E、h 等无关	1. 煤体弹性基础系数 k_t 2. 基本顶的 E、h、L 3. 煤柱宽度 L_m、支撑系数 k_{sm}	1. 煤体弹性基础系数 k_t 2. 基本顶的弹模 E、厚度 h、跨度 L（长宽比） 3. 煤体塑化程度 k_{s0} 4. 煤体塑化范围 L_{ts} 5. 煤柱宽度 L_m、支撑系数 k_{sm} 6. 双塑化影响（实际煤塑化＋煤柱塑化）
初次破断位置方面	长边沿煤壁	1. 开采区中部 2. 深入长边弹性煤体区 3. 中部与长边弹性区同时	1. 开采区中部 2. 长边深入弹性煤体区 3. 长边深入塑性煤体区 4. 长边深入弹塑性煤体分界区 5. 开采区中部与长边弹性区同时 6. 开采区中部与长边塑性区同时 7. 开采区中部与长边弹塑性区同时
煤柱侧破断形态	破断线沿煤柱内壁	1. 煤柱区破断 2. 煤柱区不破断	1. 煤柱区分隔式双短弧形破断线 2. 煤柱区临界对接双长弧形破断线 3. 煤柱区单一连续长弧形破断线
实体煤侧破断位置	破断线沿着煤壁	破断线深入弹性煤体区	1. 长边塑性煤体区＋短边塑性区或弹性区 2. 长边弹性煤体区＋短边弹性区 3. 长边弹塑性分界区＋短边弹性区或分界区

表 3-2（续）

对比因素	一侧采空基本顶板结构模型对比		
类型	第一类板模型	第二类板模型	第三类板模型
	传统固支＋简支模型	弹性基础＋一侧采空模型	弹塑性基础＋一侧采空模型
整体破断位态方面（形状）与（位置）	1. 非对称"O－X"形 2. 断裂圈沿着煤壁	1. 非对称"O－X"形 2. 非对称"U－X"形 3. 断裂圈处于弹性煤体区	1. "非对称◯－非对称 X"形 2. "非对称◯－非对称 X"形 3. "非对称◯－非对称 X"形 4. 断裂圈均处于塑性煤体区 5. 断裂圈长边处于塑性煤体区，而短边处于弹塑性分界区或弹性煤体区 6. 断裂圈长边处于弹塑性分界区，短边处于弹性煤体区 7. 断裂圈长边与短边均处于弹性煤体区 8. 断裂圈长/短边均处于煤体弹塑性分界区 9. 结合煤柱区三类，组合有数十种破断位态
指导意义方面			1. 煤柱区断裂位态： 　　遗留煤柱双侧覆岩破断位置 　　遗留煤柱双侧覆岩板块铰接关系 　　回采阶段煤柱侧工作面端部矿压控制 2. 长边深入煤体破断： 　　预警工作面大面积来压灾害 　　工作面的停采位置确定 3. 短边深入煤体破断： 　　沿空煤巷位置选择 　　沿空巷道覆岩稳定性评价 4. 等等方面

对煤柱区基本顶破断模式的影响，否则所得结论与实际差距巨大。

对于近距离煤层开采，明晰遗留煤柱上覆岩块的破断位态，方可构建符合工程实际的力学模型，从而研究煤柱与顶板的联合稳定性及失稳条件等，才能有效评估煤柱及覆岩区对下伏开采对象的影响程度和范围等。

2. 实体煤区域破断模式方面

开采区域长边基本顶深入煤体破断，且断裂线可能处于实体煤的塑性区、弹性区或者弹塑性分界区，不同分区基本顶的稳定程度不同。基于三类深入煤体的断裂位置，可有效指导大面积来压预警。实体煤短边区域基本顶的断裂线位置有三类，弹性、塑性或弹塑性煤体分界区，沿空掘巷阶段，基本顶的断裂位置对巷道应力分布及稳定性影响大，所以对指导沿空煤巷位置选择意义显著。

可见本章的力学模型在传统模型基础上更进一步，弥补了传统模型的缺陷和不足，对理论认识和实践发展均有推进作用。

4

长边采空（煤柱）弹塑性基础边界基本顶板结构破断规律研究

对于长边采空（煤柱）开采条件，基本顶的边界条件有其特殊性及复杂性，针对该问题构建的模型有"固支＋简支"或可变形基础的岩梁模型，但是该模型不能研究开采全区域的破断规律。为了弥补这个缺陷，基于传统的四边固支板模型，构建了"长边煤柱侧简支＋三边实体煤侧固支"的板模型，该模型虽然可以研究开采全区域的破断规律，但是没有考虑长边煤柱的宽度和支撑能力，也没有考虑实体煤的刚度小于甚至远小于基本顶的实际情况。为了进一步弥补缺陷，构建了"考虑煤柱参数＋三侧实体煤弹性基础"的板模型，该模型得出了前两种模型得不到的诸多新结论，对该类工程问题的认识水平和深度不断提高，有益指导了实践，但是依然存在不足。

本章针对长边采空（煤柱）的工程实际问题，为进一步克服传统模型的缺陷和不足，构建了同时考虑长边煤柱宽度和弱化程度及三侧实体煤区塑化范围和塑化程度的基本顶板结构双重塑化力学模型，深入研究影响该模型的边界条件因素（长边煤柱宽度及弱化系数，实体煤塑化范围、塑化程度及弹性煤体的基础系数）、基本顶自身因素（厚度、模量）及工作面跨度/长宽比等因素对长边采空（煤柱）基本顶板结构在三侧实体煤区的断裂线区位属性（实体煤的弹性区、塑性区及弹塑性分界区）及长边煤柱区的形态属性，最终得出基本顶在开采全区域的破断位态及断裂模式的发展过程，并从近距离煤层开采遗留煤柱覆岩结构特征及失稳模型、煤柱侧矿压控制、长/短边区段煤柱留设、顶板灾害预警等方面阐述本章模型相对于传统模型的优越性和不可替代性。这对长边采空（煤柱）问题的理论认识水平提升和工程实践发展方面均有重要价值。

4.1　长边采空（煤柱）边界条件对比

针对长边采空（煤柱）的工程条件，要研究基本顶的破断规律，那么就需要明确其开采区域四周的边界条件，该条件下基本顶边界的属性共有两类：一是长边煤柱怎么考虑它对基本顶的影响；二是除了长边煤柱之外，剩下的三个区域（一个长边实体煤区域，两个短边实体煤区域）均为实体煤区域。若要想研究长边煤柱及实体煤塑化对基本顶的破断规律是否有影响，那么就需要构建既考虑长边煤柱的宽度与煤柱承载力弱化，也要考虑三侧实体煤塑化的板结构力学模型。

研究长边采空（煤柱）基本顶板结构的破断规律（包括断裂位置及顺序，断裂线所在的区位特征、破断发展模式及影响因素等），主要有三类模型，如图 4-1 所示，下面从长边煤柱角度与三侧实体煤角度的边界属性视角分别说明三类模型的特征。

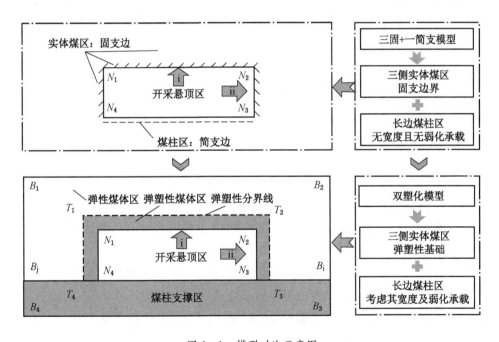

图 4-1　模型对比示意图

第 1 类，一般情况下，为了计算方便，对模型的边界条件进行简化，即视煤柱为简支边（通常情况下，均是这么考虑的，但是简化后计算得到的结论也有较大局限性，即是"简化版的结论"，有较大缺陷）。三侧实体煤均为固支边，不考虑煤柱宽度及承载特性，也不考虑实体煤刚度远小于基本顶刚度的实际情况，即不考虑煤体在地应力及采动应力影响下的必然变形。

第2类，考虑实体煤可变形特性，构建了实体煤侧弹性基础边界且考虑煤柱宽度和支撑特性的单一塑化边界板结构模型，丰富发展了"第1类"模型，得到了第1类模型得不到的多项新结论，弥补了部分缺陷不足，但是该模型没有考虑三侧实体煤区的必然塑化变形，所以也是有缺陷的。

第3类，即为本章构建的模型，该模型考虑了煤柱的宽度且考虑煤柱的弱化程度；针对三侧实体煤区，需要考虑三侧实体煤的塑化程度且要考虑三侧实体煤的塑化范围；传统模型均没有实现全面考虑煤柱塑化和实体煤塑化的双塑化边界特性，该模型同时考虑了长边煤柱的宽度及塑化程度＋三侧实体煤的塑化范围及塑化程度的基本顶板结构双塑化边界条件模型，进一步克服传统模型的缺陷和不足，能够研究传统模型不能研究的多项问题，比如煤体的塑化程度和塑化范围对基本顶破断模式的影响，考虑实体煤塑化条件下的长边煤柱区域基本顶断裂发展模式等。

4.2 长边采空（煤柱）基本顶板结构模型

4.2.1 力学模型

依据弹性薄板力学假设

$$\left(\frac{1}{100} \sim \frac{1}{80}\right) \leqslant \frac{h}{l} \leqslant \left(\frac{1}{8} \sim \frac{1}{5}\right) \tag{4-1}$$

式中，h 为板厚度，m；l 为板短边长度，m。

一般条件下的长边采空（煤柱）工作面尺寸均满足上式，所以符合弹性薄板假设。

图 4-2 为长边采空（煤柱）工作面的基本分区情况示意图。区域 $B_1B_2B_3B_4$ 为具有一定宽度和考虑承载能力弱化的长边煤柱区，称为"M区"，边 B_3B_4 为本工作面基本顶与邻侧采空区基本顶的铰接边。长边煤柱宽度设为 L_{cm}，m；支撑系数设为 k_{cm}，MN/m^3，有较大弹性核的宽煤柱不在本参数研究范围之内。区域 $N_1N_2N_3N_4$ 为开采后的悬板区域，边 N_1N_2、N_2N_4、N_1N_3 为采空区与煤壁的过渡边、N_3N_4 为采空区与长边煤柱的过渡边，称为"N区"，其中 N_1N_2 长度为 $2x_N$，m；N_2N_4 为 $2y_N$，m。$T_1T_2T_3T_4$ 之内，N 区之外的区域为塑化煤体区，且向

煤体深处，煤体塑化程度逐步减弱，称为"T区"。T区之外的为弹性实体煤区，称为"B区"，煤弹性基础系数为 k_{tt}，MN/m³；其中 B_1B_2 的长度为 $2x_B$，m；B_1B_2 与 x 轴的垂直距离长度为 y_B，m。T区之内，T_1T_2 长度为 $2x_T$，m；T_1T_2 到 x 轴的垂直距离为 y_T，m；塑化区宽度为 L_{t-s}，m；塑化区的煤体基础系数为 k_s，MN/m³；实体煤起始边的煤体基础系数为 k_{s-0}，MN/m³。

实际情况下的煤体塑性区的支撑量化关系是很复杂的，尤其是板结构模型条件下计算更为复杂，求解十分困难，完全符合实际的模型是不存在的。所以，针对长边采空（煤柱）基本顶板结构模型，要着眼于如何取得实质性新进展，即考虑煤体塑化的关键特征—应变软化特性。煤体塑化（煤体为应变软化材料），约束基本顶变形的能力减小，弹性基础系数 k_{tt} 均大于塑性区的基础系数 k_s，由于塑性区内的浅部煤体塑化程度大，塑性区内的深部煤体塑化程度小，塑化区煤体基础系数的基本变化规律为由浅部煤体的煤壁基础系数 k_{s-0} 逐渐增大到弹性煤体区基础系数 k_{tt}。煤体约束区的基本顶板结构偏微分方程中必须有塑化后的煤体基础系数及与挠度的关系，否则方程无法建立也就无法求解。这里近似采用减小后的基础系数与挠度的积作为与煤体塑化后的作用关系（本质上体现了塑性后的整体支承力小于弹性条件下的客观事实），且研究不同弱化/软化程度时基本顶板结构的破断规律，所以基本规律全覆盖，尤其是煤壁处，若煤体破碎，则对基本顶变形的约束力几乎为零，那么从这一点看，塑性软化基础特性是符合实际基本特征的，且相比于全部弹性基础的板模型来说更符合实际。

一般条件下，浅部煤体塑化程度大时，k_{s-0} 可取零，或根据实际的塑化程度综合取值；这些参数均可通过实测方法获得具体数值，比如采用支承应力实际监测法，松动圈测试法，再结合实验室测试数据等综合确定实际参数合理取值。

实体煤区的塑化程度为 β_s，长边煤柱的塑化程度为 β_{cm}，满足关系式（4-2）。

$$\begin{cases} \beta_{cm} = (k_{tt} - k_{cm})/k_{tt} \\ \beta_s = (k_{tt} - k_{s0})/k_{tt} \end{cases} \qquad (4-2)$$

长边煤柱 M 区、开采悬板 N 区、塑化煤体 T 区及弹性实体煤 B 区的挠度偏微分方程见表 4-1，其中 q 为已开采区上覆基本顶所承担的载荷，MPa。

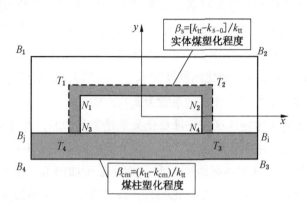

图4-2 长边煤柱-弹塑性基础边界基本顶板结构模型

表4-1 长边煤柱基本顶挠度偏微分方程

偏 微 分 方 程	备 注
$\dfrac{\partial^4 \omega_M(x,y)}{\partial x^4} + 2\dfrac{\partial^4 \omega_M(x,y)}{\partial x^2 \partial y^2} + \dfrac{\partial^4 \omega_M(x,y)}{\partial y^4} + \dfrac{k_{cm}\omega_M(x,y)}{D} = 0$	M区,挠度函数设为 $\omega_M(x,y)$
$\dfrac{\partial^4 \omega_N(x,y)}{\partial x^4} + 2\dfrac{\partial^4 \omega_N(x,y)}{\partial x^2 \partial y^2} + \dfrac{\partial^4 \omega_N(x,y)}{\partial y^4} - \dfrac{1}{D}q = 0$	N区,挠度函数设为 $\omega_N(x,y)$
$\dfrac{\partial^4 \omega_T(x,y)}{\partial x^4} + 2\dfrac{\partial^4 \omega_T(x,y)}{\partial x^2 \partial y^2} + \dfrac{\partial^4 \omega_T(x,y)}{\partial y^4} + \dfrac{k_s\omega_T(x,y)}{D} = 0$	T区,挠度函数设为 $\omega_T(x,y)$
$\dfrac{\partial^4 \omega_B(x,y)}{\partial x^4} + 2\dfrac{\partial^4 \omega_B(x,y)}{\partial x^2 \partial y^2} + \dfrac{\partial^4 \omega_B(x,y)}{\partial y^4} + \dfrac{k_{tt}\omega_B(x,y)}{D} = 0$	B区,挠度函数设为 $\omega_B(x,y)$

$$D = \frac{Eh^3}{12(1-\mu^2)} \qquad (4-3)$$

式中，μ 为泊松比；E 为弹性模量，GPa；h 为基本顶厚度，m。

4.2.2 边界条件

4.2.2.1 分界区的连续条件

如图4-2所示，基本顶下伏主要分为开采区 N、实体煤弹性区 B、实体煤塑化区 T 及煤柱区 M，分界线上覆基本顶是连续的，所以各个分区之间的分界边需要满足连续条件,见表4-2。

开采区 N 与塑化煤体区 T 有三条分界边、塑化煤体区 T 与实体煤弹性区 B 有三条分界边,煤柱区 M 与实体煤弹性区 B 有两条分界边,煤柱区 M 与实体煤塑化区 T 有两条分界边,煤柱区与开采区 N 有一条分界边,各个分界边基本顶均需要满足挠度、截面法向量转角、弯矩及剪力分别相等。

表4-2 分界区及连续条件

分区及分界边	分界边的连续条件
N 区与 T 区分界边:边 N_1N_3、边 N_2N_4 同时满足 N 区挠度函数 $\omega_N(x,y)$ 与 T 区挠度函数 $\omega_T(x,y)$	$\omega_N(x,y)=\omega_T(x,y)$,$\dfrac{\partial}{\partial x}\nabla^2\omega_N=\dfrac{\partial}{\partial x}\nabla^2\omega_T$ $\dfrac{\partial \omega_N}{\partial x}=\dfrac{\partial \omega_T}{\partial x}$,$\dfrac{\partial^2\omega_N}{\partial x^2}+\mu\dfrac{\partial^2\omega_N}{\partial y^2}=\dfrac{\partial^2\omega_T}{\partial x^2}+\mu\dfrac{\partial^2\omega_T}{\partial y^2}$
T 区与 B 区分界线:边 T_1T_4、边 T_2T_3 同时满足 T 区挠度函数 $\omega_T(x,y)$ 与 B 区挠度函数 $\omega_B(x,y)$	$\omega_B(x,y)=\omega_T(x,y)$,$\dfrac{\partial}{\partial x}\nabla^2\omega_B=\dfrac{\partial}{\partial x}\nabla^2\omega_T$ $\dfrac{\partial \omega_B}{\partial x}=\dfrac{\partial \omega_T}{\partial x}$,$\dfrac{\partial^2\omega_B}{\partial x^2}+\mu\dfrac{\partial^2\omega_B}{\partial y^2}=\dfrac{\partial^2\omega_T}{\partial x^2}+\mu\dfrac{\partial^2\omega_T}{\partial y^2}$
M 区与 T 区分界边:边 N_4T_3、边 T_4N_3 同时满足 M 区挠度函数 $\omega_M(x,y)$ 与 B 区挠度函数 $\omega_B(x,y)$	$\omega_M(x,y)=\omega_T(x,y)$,$\dfrac{\partial}{\partial y}\nabla^2\omega_T=\dfrac{\partial}{\partial y}\nabla^2\omega_M$ $\dfrac{\partial \omega_T}{\partial y}=\dfrac{\partial \omega_M}{\partial y}$,$\dfrac{\partial^2\omega_T}{\partial y^2}+\mu\dfrac{\partial^2\omega_T}{\partial x^2}=\dfrac{\partial^2\omega_M}{\partial y^2}+\mu\dfrac{\partial^2\omega_M}{\partial x^2}$
M 区与 N 区分界边:边 N_3N_4 同时满足 N 区挠度函数 $\omega_N(x,y)$,M 区挠度函数 $\omega_M(x,y)$	$\omega_N(x,y)=\omega_M(x,y)$,$\dfrac{\partial}{\partial y}\nabla^2\omega_N=\dfrac{\partial}{\partial y}\nabla^2\omega_M$ $\dfrac{\partial \omega_N}{\partial x}=\dfrac{\partial \omega_M}{\partial x}$,$\dfrac{\partial^2\omega_M}{\partial y^2}+\mu\dfrac{\partial^2\omega_M}{\partial x^2}=\dfrac{\partial^2\omega_N}{\partial y^2}+\mu\dfrac{\partial^2\omega_N}{\partial x^2}$
M 区与 B 区分界边:边 T_4B_j、边 T_3B_i 同时满足 B 区挠度函数 $\omega_B(x,y)$ 与 M 区挠度函数 $\omega_M(x,y)$	$\omega_B(x,y)=\omega_M(x,y)$,$\dfrac{\partial}{\partial y}\nabla^2\omega_B=\dfrac{\partial}{\partial y}\nabla^2\omega_M$ $\dfrac{\partial \omega_B}{\partial y}=\dfrac{\partial \omega_M}{\partial y}$,$\dfrac{\partial^2\omega_N}{\partial y^2}+\mu\dfrac{\partial^2\omega_B}{\partial x^2}=\dfrac{\partial^2\omega_M}{\partial y^2}+\mu\dfrac{\partial^2\omega_M}{\partial x^2}$

4.2.2.2 模型最外边界条件

实体煤区距离开采悬顶区 N 越远的位置,受到开采扰动的影响程度越小,一般距离开采区长边长度的 $3\sim5$ 倍位置基本不受开采扰动的影响,即边 B_1B_4、边 B_1B_2 及边 B_2B_3 不受或基本不受开采扰动影响,这三条边近似满足固支边界条件。

具有一定宽度和承载力弱化特性的长边煤柱不是简单的简化为没有宽度且不能约束基本顶转动的简支边，煤柱区 M 的边缘 B_3B_4 为与邻侧采空区已断裂基本顶为铰接关系，即仅边 B_3B_4 为简支边。

4.3 模型解算及破断准则

4.3.1 解算方法

求解上述边界条件下的 N、M、B 及 T 区的挠度偏微分方程组的解，在通过挠度解可以求解出弯矩分量解，进而可明晰长边煤柱—弹塑性基础边界基本顶板结构全区域的应力分布规律及各个区域的破断位置。

然而，复杂边界及多分区条件下的偏微分方程组的求解十分困难，难以获得精确解，同时由于采矿工程环境的复杂性，也难以获得煤岩力学参数的"精确值"，解决采矿工程问题也不需要所谓的精确值或者精确解。所以可采用有限差分近似解算方法获得复杂边界及多分区条件下的偏微分方程组的解。

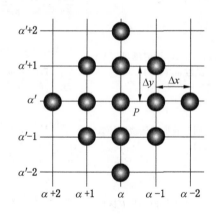

图 4-3 差分节点编号

N、M、B 及 T 区的挠度偏微分方程通过图 4-3 所示的差分节点编号，转化为如表 4-3 所列的差分方程，结合外边界条件的差分方程（4-4），便可组建可解的挠度差分方程组，方程组中的未知数为各个区域节点的挠度，借助 Matlab软件进行辅助计算（其中，以 gmres 函数实施求解函数 sparse 建立的系数为稀疏矩阵组合代数方程组）。

表4-3 各分区方程转化

对象类别	差 分 方 程
N区挠度 偏微分方程 差分方程	$\omega_{\alpha+2,\alpha'} + \omega_{\alpha-2,\alpha'} + \omega_{\alpha,\alpha'+2} + \omega_{\alpha,\alpha'-2} - \dfrac{q_{\alpha,\alpha'}\Delta y^4}{D} +$ $20\omega_{\alpha,\alpha'} - 8(\omega_{\alpha+1,\alpha'} + \omega_{\alpha-1,\alpha'} + \omega_{\alpha,\alpha'+1} + \omega_{\alpha,\alpha'-1}) +$ $2(\omega_{\alpha+1,\alpha'+1} + \omega_{\alpha+1,\alpha'-1} + \omega_{\alpha-1,\alpha'+1} + \omega_{\alpha-1,\alpha'-1}) = 0$
M区挠度 偏微分方程 差分方程	$-20\omega_{\alpha,\alpha'} + 8(\omega_{\alpha+1,\gamma\alpha'} + \omega_{\alpha-1,\gamma\alpha'} + \omega_{\alpha,\alpha'+1} + \omega_{\alpha,\alpha'-1}) -$ $2(\omega_{\alpha+1,\alpha'+1} + \omega_{\alpha+1,\alpha'-1} + \omega_{\alpha-1,\alpha'+1} + \omega_{\alpha-1,\alpha'-1}) -$ $\omega_{\alpha+2,\alpha'} - \omega_{\alpha-2,\alpha'} - \omega_{\alpha,\alpha'+2} - \omega_{\alpha,\alpha'-2} - \Delta x^4 \dfrac{\omega_{\alpha,\alpha'}k_{cm}}{D} = 0$
B区挠度 偏微分方程 差分方程	$8(\omega_{\alpha+1,\alpha'} + \omega_{\alpha-1,\alpha'} + \omega_{\alpha,\alpha'+1} + \omega_{\alpha,\alpha'-1}) - \Delta x^4 \left(\dfrac{k_{tt}}{D}\right)\omega_{\alpha,\alpha'} -$ $2(\omega_{\alpha+1,\alpha'+1} + \omega_{\alpha+1,\alpha'-1} + \omega_{\alpha-1,\alpha'+1} + \omega_{\alpha-1,\alpha'-1}) -$ $\omega_{\alpha+2,\alpha'} - \omega_{\alpha-2,\alpha'} - \omega_{\alpha,\alpha'+2} - \omega_{\alpha,\alpha'-2} - 20\omega_{\alpha,\alpha'} = 0$
T区挠度 偏微分方程 差分方程	$\begin{cases} -8(\omega_{\alpha+1,\alpha'} + \omega_{\alpha-1,\alpha'} + \omega_{\alpha,\alpha'+1} + \omega_{\alpha,\alpha'-1}) + 20\omega_{\alpha,\alpha'} + \\ 2(\omega_{\alpha+1,\alpha'+1} + \omega_{\alpha+1,\alpha'-1} + \omega_{\alpha-1,\alpha'+1} + \omega_{\alpha-1,\alpha'-1}) + \\ \omega_{\alpha+2,\alpha'} - \omega_{\alpha-2,\alpha'} + \omega_{\alpha,\alpha'+2} + \omega_{\alpha,\alpha'-2} + \Delta x^4 \dfrac{k_s}{D}\omega_{\alpha,\alpha'} = 0 \\ k_{s-0} \leq k_s \leq k_{tt} \end{cases}$
弯矩分量 差分方程	$\begin{cases} (M_x)_{\alpha,\alpha'} = -\dfrac{D}{(\Delta x)^2}[(\omega_{\alpha-1,\alpha'} - 2\omega_{\alpha,\alpha'} + \omega_{\alpha+1,\alpha'}) - \mu(\omega_{\alpha,\alpha'-1} - 2\omega_{\alpha,\alpha'} + \omega_{\alpha,\alpha'+1})] \\ (M_y)_{\alpha,\alpha'} = -\dfrac{D}{(\Delta y)^2}[(\omega_{\alpha,\alpha'-1} - 2\omega_{\alpha,\alpha'} + \omega_{\alpha,\alpha'+1}) - \mu(\omega_{\alpha-1,\alpha'} - 2\omega_{\alpha,\alpha'} + \omega_{\alpha+1,\alpha'})] \\ (M_{xy})_{\alpha,\alpha'} = -\dfrac{D(1-\mu)}{4\Delta x\Delta y}(\omega_{\alpha-1,\alpha'-1} - \omega_{\alpha+1,\alpha'-1} + \omega_{\alpha+1,\alpha'+1} - \omega_{\alpha-1,\alpha'+1}) \end{cases}$
主弯矩 差分方程	$\begin{cases} (M_1)_{\alpha,\alpha'} \\ (M_3)_{\alpha,\alpha'} \end{cases} = \dfrac{(M_x)_{\alpha,\alpha'} + (M_y)_{\alpha,\alpha'}}{2} \pm \sqrt{\left(\dfrac{(M_x)_{\alpha,\alpha'} - (M_y)_{\alpha,\alpha'}}{2}\right)^2 + (M_{xy})_{\alpha,\alpha'}^2}$

$$\begin{cases} y = -y_N - L_{cm} & \begin{cases} \omega_{\alpha,\alpha'} = 0 \\ \left(\dfrac{\partial\omega_M}{\partial y}\right)_{\alpha,\alpha'} = \dfrac{\omega_{\alpha,\alpha'-1} + \omega_{\alpha,\alpha'+1}}{2\Delta y} = 0 \end{cases} \\[3ex] y = y_B & \begin{cases} \omega_{\alpha,\alpha'} = 0 \\ \left(\dfrac{\partial\omega_B}{\partial y}\right)_{\alpha,\alpha'} = \dfrac{\omega_{\alpha,\alpha'-1} - \omega_{\alpha,\alpha'+1}}{2\Delta y} = 0 \end{cases} \\[3ex] x = \pm x_B & \begin{cases} \omega_{\alpha,\alpha'} = 0 \\ \left(\dfrac{\partial\omega_B}{\partial x}\right)_{\alpha,\alpha'} = \dfrac{\omega_{\alpha-1,\alpha'} - \omega_{\alpha+1,\alpha'}}{2\Delta x} = 0 \end{cases} \end{cases} \quad (4-4)$$

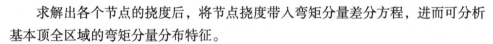

求解出各个节点的挠度后，将节点挠度带入弯矩分量差分方程，进而可分析基本顶全区域的弯矩分量分布特征。

4.3.2 破断分析方法

岩石类材料的抗拉强度小于甚至是远小于抗压强度，最大拉应力（分布于基本顶板结构的上表面或者下表面）等于主弯矩与抗弯截面系数 W 的比值，所以求出主弯矩大小及其正负即可判断基本顶的最大拉应力为多少且处于基本顶板结构的上表面还是下表面，然后根据拉应力与岩石的抗拉强度进行对比即可判断基本顶是否发生破断。当然，在具体求解过程中，采用主弯矩及基本顶的弯矩极限进行对比会更简单直接，所以采用主弯矩与弯矩极限进行对比判断的方法。即，计算得出基本顶全区域的主弯矩极值，再用该极值与基本顶的弯矩极限进行对比来判断基本顶是否发生破断。所以根据上述计算方法，得到各个节点的挠度解之后，代入表 4-3 中的弯矩分量差分方程，即得到全区域各个节点弯矩分量，各个节点的弯矩分量代入表 4-3 中的主弯矩差分方程，即得到各个区域的主弯矩，通过基本顶全区域主弯矩的极值大小及位置，便可以具体分析长边煤柱模型的基本顶破断始发点。知道了基本顶破断的始发点之后，需要知道基本顶全区域的主弯矩值，及主弯矩高峰值分布迹线，便可以判断基本顶沿着怎样的主弯矩迹线进行破断发展了。

4.4 长边煤柱+弹塑性基础边界条件下的基本顶板内力特征及破断模式分析

根据构建的长边煤柱+弹塑性基础边界基本顶板结构力学模型可知，基本顶下伏主要有实体煤弹性区（涉及到弹性基础系数 k_{tt}）、实体煤塑化区（涉及到塑化程度 β_s 及塑化范围 L_{t-s}）、长边煤柱区（涉及到长边煤柱宽度 L_{cm} 及煤柱塑化程度 β_{cm}）、开采悬顶区（涉及到长宽比，基本顶厚度、弹性模量、抗弯矩极限值等），各个分区的力学及几何参数都可以影响到基本顶全区域的内力分布，进而影响基本顶的整体破断位态。

图 4-4 为根据本章建立的力学模型及求解方法得到的基本顶全区域主弯矩特征云图的 3 组对比图（改变长边煤柱的塑化程度 β_{cm}，即煤柱的支撑系数 k_{cm}），工作面倾向长度及推进悬跨度分别为 142 m 及 44 m；基本顶相关参数 μ、E、q、h 分别为 0.24、33.5 GPa、0.36 MPa、6.1 m；实体煤弹性区基础系数 k_{tt}、实体煤塑化程度 k_{s-0}（为简化计算，塑性区煤体的基础系数

由煤壁到弹性煤体区呈线性增大关系)、煤体塑化深度 L_{t-s}、分别为 1.7 GN/m³、0、3 m；煤柱宽度为 7 m，支撑系数或塑化程度 β_{cm} 分别为 4.2%、11.8%、45.3%)。上述已经明确，各个分区的力学或几何参数均可改变基本顶的内力分布及破断位态，以图 4-4 为基础得到图 4-5 及图 4-6 所示的基本结论，进而可全面详细的研究各个参数对基本顶板结构破断规律的影响。

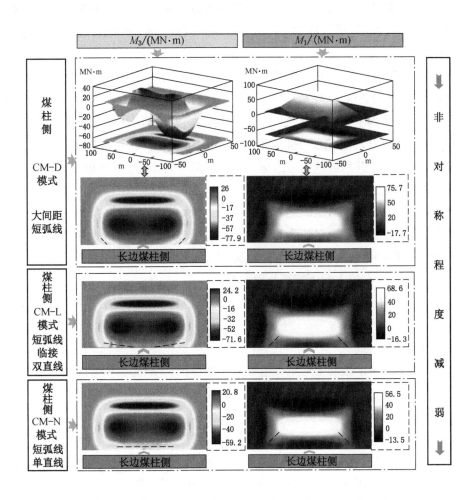

图 4-4　长边煤柱—基本顶板结构主弯矩云图（k_{cm} 依次为

70 MN/m³、200 MN/m³、770 MN/m³）

4.4.1　非煤柱区基本顶主弯矩特征及破断模式

由图 4 - 4 可知，长边实体煤区域与长边煤柱区域的基本顶主弯矩分布图有根本区别且煤柱区基本顶主弯矩受煤柱塑化程度的影响大，破断形态差异明显。

（1）开采区中部（偏煤柱侧）的主弯矩 M_1 最大且为正值，表明了开采区中部的上表面受压应力，下表面受拉应力，再由岩石"抗压怕拉"性质可知（岩石一拉就坏，一旦开裂，破坏发展得很快），开采区中部（相对靠近煤柱侧）的下表面先断，随之沿着最大主弯矩的极值迹线破断发展。计算得到的最大主弯矩 M_1 极值迹线为"X"形，且"X"形先在基本顶的下侧面形成，因为下侧面拉应力最大。

（2）对于开采区周边的破断迹线，需要通过主弯矩 M_3 进行分析。长边深入实体煤区的主弯矩绝对值最大，短边区与煤柱区的主弯矩极值的绝对值次之。长边深入实体煤区的主弯矩极值为负值，表明基本顶在该区域的上表面受拉应力，而下表面受压应力，由岩石"抗压怕拉"的性质可知，该区域基本顶的上表面先于下表面破断；开采区域的短边深入煤体区的主弯矩 M_3 的极值为负值，表明该区域基本顶的上表面先与下表面破断。

设长边区域最大主弯矩的绝对值为 M_{cf}，该极值点与煤壁之间的距离为 L_{cf}；实体煤短边最大主弯矩绝对值为 M_{df}，该极值点与短边煤壁之间的距离为 L_{df}；开采悬顶区主弯矩为正值，最大主弯矩设为 M_{zf}。

4.4.2　煤柱区基本顶主弯矩特征及破断模式

根据图 4 - 4 可知，煤柱区基本顶破断的区位特征差异显著，主要表现为以下三类。

1. "CM - D"式

煤柱区上覆基本顶的主弯矩有明显的分区特征，主弯矩 M_3 的负值区只集中在靠近工作面短边区域的煤柱区上覆，而工作面中部区对应的煤柱段（煤柱区的中部段）的主弯矩 M_3 无负值区，该区域基本顶不发生断裂，即煤柱的塑化程度较大导致对基本顶约束变形能力弱，基本顶周边断裂线延展不到煤柱区的中部段，此时煤柱区基本顶只在靠近短边区发生破断，形成两条大间距对称"短弧线"断裂线，即如图 4 - 4、图 4 - 5 所示的"CM - D"式。

2. "CM - L"式

煤柱区上覆基本顶的主弯矩有明显的分区特征，主弯矩 M_3 的负值区不仅在短边区域的煤柱区上覆，且工作面中部区对应的煤柱段（煤柱区的中部段）两

侧的主弯矩 M_3 负值区接近临接，只有少部分的主弯矩 M_3 无负值区，该区域基本顶不发生断裂，即随着煤柱的塑化程度减小，对基本顶约束变形能力增强，基本顶周边断裂线逐步延展到煤柱区的中部段且两侧断裂线接近临接状态，此时形成两条临接对称"直线(近似直线,本文均为此意) + 短弧线"断裂线，即如图 4-4、图 4-5 所示的"CM-L"式。

3. "CM-N"式

随着长边煤柱塑化程度减小，即煤柱的支撑系数增大，约束基本顶变形的能力增强，整个长边煤柱区的主弯矩 M_3 均为负值，即长边煤柱中部区的上表面先断裂，断裂线贯穿工作面对应的整个长边煤柱区内部的上覆，此时形成一条连续"长直线 + 两端短弧线"断裂线，如图 4-4、图 4-5 所示的"CM-N"式。

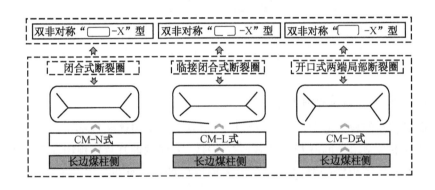

图 4-5　长边煤柱基本顶板结构破断模式示意图

4.4.3　长边煤柱—弹塑性基础边界基本顶板结构破断模式

根据图 4-4 及图 4-5 可知，长边煤柱 + 弹塑性基础边界基本顶板结构有以下三类基本破断模式：

（1）开采区周边为闭合式断裂圈，煤柱侧"CM-N"式的非对称"▭-X"形；

（2）开采区周边临接闭合式断裂圈，煤柱侧"CM-L"式的非对称"▭-X"形；

（3）开采区周边开口式两端局部断裂圈，煤柱侧"CM-D"式的非对称"▭-X"形。

图 4-4 与图 4-5 揭示了长边煤柱 + 弹塑性基础边界基本顶板结构的三类基

本破断模式，图4-6揭示了基本顶在各个分区内的主弯矩极值位置，那么通过控制变量法改变方程中的任意参数，即可研究计算得到各个分区的主弯矩极值大小和位置，从而可以方便分析长边煤柱条件下基本顶板结构的全区域破断模式及规律等，并与传统模型所得结论进行对比。

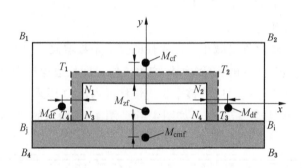

图4-6　主弯矩极值点位置图

4.4.4　破断模式的研究因素分类

　　根据构建的表达力学模型的方程以及得到的基本顶破断基本特征可知，长边煤柱条件下，基本顶的破断复杂但是有规律，若要掌握其总体规律需要深入研究各个因素条件下规律的普遍性，这样才能更好的指导实践。从直接因素（边界条件特性参数，包括煤柱宽度及弱化程度，实体煤塑化程度、范围与基础系数）及间接因素角度（基本顶自身的三个参数，跨度等）说明了影响该模型的对象，下文对这些对象进行详细研究。

4.5　破断模式—基本顶因素效应（间接）

　　如图4-7所示，基本顶厚度 h 对长边煤柱区及三侧实体煤区的基本顶的破断模式（破断的顺序、位置及整体形态等）均有根本性的影响。

4.5.1　破断顺序方面

　　如图4-7a_1所示，h 较小时，$M_{cf} > M_{cmf} > M_{zf} > M_{df}$，基本顶破断顺序为：实体煤长边→长边煤柱→开采区中部(均是靠近长边煤柱侧,后续不再赘述)→实体煤短边（均是靠近长边煤柱侧,后续不再赘述）；当 h 较大时，$M_{zf} > M_{cf} > M_{df}$破断顺序为开采区中部→实体煤长边→实体煤短边，但是长边煤柱区中部不发生破断，因为基本顶厚度大，长边煤柱约束基本顶变形的能力相对大大减弱，所以长边煤柱区中部上覆基本顶不破断。

4.5.2 实体煤区断裂形态及区位特征方面

如图4-7所示，随着h增大，基本顶断裂圈深入周边煤体区的距离显著增大，断裂圈区位特征的变化模式（五类）为：①实体煤区长边断裂线位于塑化煤体区（"C-S"式）、实体煤区短边断裂线位于塑化煤体区（"D-S"式）→②实体煤区长边断裂线位于煤体弹塑性分界区（"C-TS"式）、实体煤区短边断裂线位于塑化煤体区（"D-S"式）→③实体煤区长边断裂线位于弹性煤体区（"C-T"式）、实体煤区短边断裂线位于煤体塑性区（"D-S"式）→④实体煤区长边断裂线位于煤体弹性区（"C-T"式）、实体煤区短边断裂线位于煤体弹塑性分界区（"D-TS"式)→⑤实体煤区长边断裂线位于煤体弹性区（"C-T"式）、实体煤区短边断裂线位于弹性煤体区（"D-T"式）。

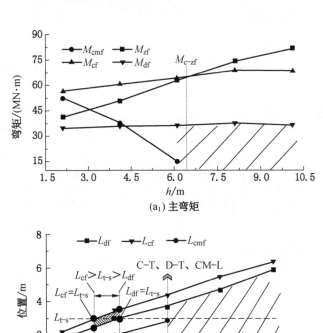

（a_1）主弯矩

（a_2）断裂线位置

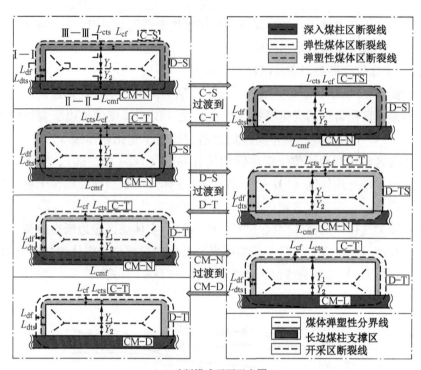

(b₁) 破断模式平面示意图

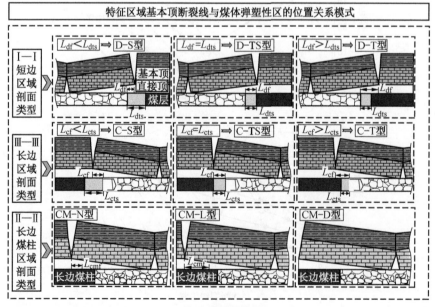

(b₂) 剖面示意图

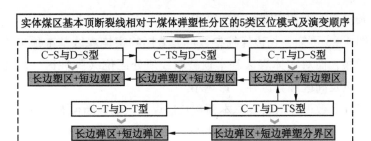

（c₁）实体煤区基本顶破断模式

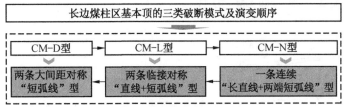

（c₂）长边煤柱区基本顶破断模式

图 4-7　基本顶板结构破断模式

4.5.3　煤柱区断裂形态及区位特征方面

如图 4-7 所示，随着基本顶厚度增大，煤柱区上覆基本顶断裂线远离煤柱内壁，同时长边煤柱约束基本顶变形能力大大减弱，当 h 较大时，煤柱区中部上覆的基本顶不再发生破断，断裂圈形态随 h 增大的变化模式为：一条连续"长直线 + 两端短弧线"形（即 CM - N 式）→两条临接对称"直线 + 短弧线"形（即 CM - L 式）→两条大间距对称"短弧线"形（即 CM - D 式）。

4.5.4　基本顶断裂区位特征及整体形态方面

考虑长边煤柱条件下且考虑煤体弹塑性变形的基本顶板结构整体破断形态随 h 增大的变化模式为：煤柱侧"CM - N"式的闭合式非对称"□ - X"形；煤柱侧"CM - L"式的开采区周边临接闭合式非对称"□ - X"形；煤柱侧"CM - D"式，开采区周边开口式而两端局部破断的非对称"□ - X"形。

基本顶弹模 E 改变时基本顶破断模式与 h 的影响规律基本相同。

4.6　破断模式—长边煤柱效应（直接）

长边煤柱的宽度 L_{cm} 和支撑系数（塑化程度）k_{cm} 对基本顶在实体煤区域及长边煤柱区域的主弯矩大小及破断位置影响程度直接决定了长边煤柱是否可以简单

简化为一条没有宽度和支撑系数的简支边。

根据图 4-8 可知，长边煤柱参数可显著影响实体煤区基本顶主弯矩大小及初次破断顺序，而对实体煤区基本顶破断线所处区位（弹性区、塑性区、弹塑性分界区，以及同区和异区性）影响小。

长边煤柱参数可显著改变基本顶在长边煤柱区的破断位态，且有 3 种基本类型，随着 k_{cm}、L_{cm} 减小，其演变模式为：一条连续"长直线 + 两端短弧线"形（即 CM-N 式）→两条临接对称"直线 + 短弧线"形（即 CM-L 式）→两条大间距对称"短弧线"形（即 CM-D 式）。

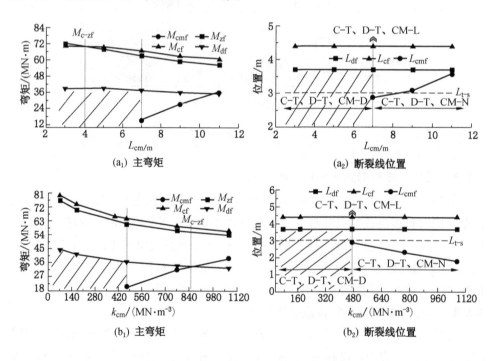

图 4-8 破断模式的长边煤柱参数影响规律

4.7 破断模式—实体煤效应（直接）

实体煤区作为支撑基本顶的重要区域，其弹性煤体区弹性基础系数 k_{tt}、塑化煤体塑化范围 L_{t-s} 和塑化程度 β_s 对长边煤柱 + 弹塑性基础边界基本顶板结构在实体煤区及长边煤柱区的破断规律有关键影响。

根据图4-9可知，实体煤的三类参数（k_{tt}改变时，k_{tt}与k_{cm}比值不变）均可显著影响长边与短边区基本顶破断线的区位属性，随着实体煤的L_{t-s}、k_{s-0}、k_{tt}减小，其演变规律是：① "C-S"式与"D-S"式→② "C-TS"式与"D-S"式→③ "C-T"式与"D-S"式→④ "C-T"式与"D-TS"式→⑤ "C-T"式与"D-T"式。

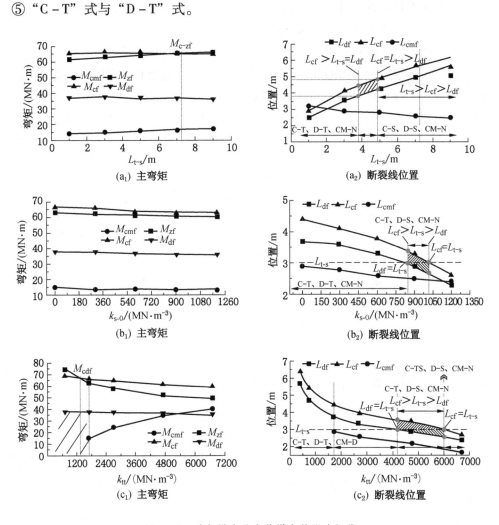

图4-9 破断模式的实体煤参数影响规律

实体煤的三类参数改变时，长边煤柱区基本顶的断裂模型有3类基本形式（由于采用控制变量法进行的研究，若取其他参数如$h=7.1$等时，即可完全展示所有规律），且随 L_{t-s}、k_{s-0} 及 k_{tt} 减小，其演变模式与长边煤柱参数减小时的演变模式相同。

4.8　破断模式的跨度效应（间接）

基本顶的强度越大或者承担的载荷 q 越小，初次来压步距/跨度越大，悬顶面积也越大，长宽比越小（即越接近方形开采空间）。

根据图 4-10 可知，工作面的跨度/长宽比/基本顶抗拉强度可以显著影响基本顶的初次破断位置、破断顺序、破断线深入煤体位置及长边煤柱区的基本顶破断位态。长边煤柱区的破断位态与实体煤区断裂线的区位属性与随 L_d 减小时的演变模式相同，且与随 E 及 h 增大，k_{cm}、L_{cm}、L_{t-s}、k_{s-0} 及 k_{tt} 减小时的也相同。

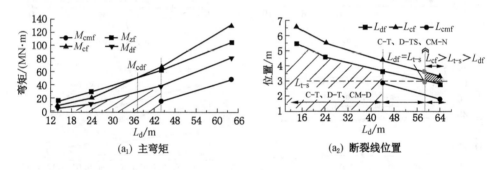

图 4-10　破断模式的 L_d 影响规律

4.9　与传统模型结论及指导意义对比

针对长边采空（煤柱）基本顶板结构破断的具体工程问题，主要有三类板结构力学模型进行相应研究，本章模型得到，长边煤柱宽度及塑化程度、实体煤的塑化程度及范围均对基本顶板结构的破断区位特征及整体形态有不可忽略的影响，即本文的双塑化边界模型得到了传统模型得不到的诸多有益新结论，可进一步指导实践。

4.9.1　基本结论方面

表 4-4 从三类模型的特征、破断因素、煤柱侧的破断形态、实体煤区的破断位置、初次破断位置及整体破断形态的角度全面对比了模型的区别，表明了传统的两类模型均无法研究得出本章模型所得的基本结论。

表4-4 长边采空（煤柱）基本板结构模型对比

对比因素	长边采空（煤柱）基本顶板结构破断规律模型对比		
发展阶段	一类模型	二类模型	三类模型
	3边固支+长边简支	3边弹性基础+长边煤柱	3边弹塑性基础+长边煤柱
模型特征	1. 实体煤→固支边 2. 长边煤柱→简支边	1. 只考虑实体煤弹性变形 2. 考虑煤柱宽度及支撑系数	1. 考虑煤体弹性变形 2. 考虑煤体塑性变形 3. 考虑实体煤的塑化范围 4. 考虑实体煤的塑化程度 5. 考虑塑化煤体与弹性煤体的复合影响 6. 考虑长边煤柱宽度及支撑系数 7. 考虑双塑化影响（实体煤塑化+煤柱塑化）
破断因素	1. 与煤体属性无关 2. 与煤柱属性无关 3. 与基本顶属性无关	1. 煤体的 k_{tt} 2. 基本顶的 E、h、L_d 3. 煤柱的 L_{cm}、k_{cm}	1. 煤体塑化程度 k_{0-s} 2. 煤体塑化范围 L_{t-s} 3. 煤体弹性基础系数 k_{tt} 4. 基本顶的弹模 E、厚度 h、跨度 L_d（长宽比） 5. 煤柱宽度 L_{cm}、支撑系数 k_{cm} 6. 双塑化联合影响（实体煤塑化+长边煤柱塑化）
煤柱侧破断形态	破断线沿煤柱内壁	1. 煤柱区破断 2. 煤柱区不破断	1. 煤柱区两端局部"双短弧形破断线"（CMD） 2. 煤柱区临接对称"直线+短弧线"（CML） 3. 煤柱全区"长直线+两端短弧线"（CMN）
实体煤侧破断位置	破断线沿着煤壁	破断线深入弹性煤体区	1. 短边塑性煤体区+长边塑性区或弹性区 即：D-S 与 C-S、D-S 与 C-T 模式 2. 短边弹性煤体区+长边弹性区 即：D-T 与 C-T 模式 3. 短边弹塑性分界区+长边弹性区或分界区 即：D-TS 与 C-T、D-TS 与 C-TS模式

表4-4（续）

对比因素	长边采空（煤柱）基本顶板结构破断规律模型对比		
发展阶段	一类模型	二类模型	三类模型
	3边固支＋长边简支	3边弹性基础＋长边煤柱	3边弹塑性基础＋长边煤柱
初次破断位置方面	长边沿煤壁	1. 开采区中部 2. 深入长边弹性煤体区 3. 中部与长边弹性区同时	1. 开采区中部 2. 长边深入弹性煤体区 3. 长边深入塑性煤体区 4. 长边深入弹塑性煤体分界区 5. 开采区中部与长边弹性区同时 6. 开采区中部与长边塑性区同时 7. 开采区中部与长边弹塑性区同时
整体破断位态方面（形状）与（位置）	1. 非对称"O－X"形 2. 断裂圈沿着煤壁	1. 非对称"O－X"形 2. 非对称"C－X"形 3. 断裂圈处于弹性煤体区	1. "非对称▢－非对称 X"形 2. "非对称▢－非对称 X"形 3. "非对称▢－非对称 X"形 4. 断裂圈均处于塑性煤体区 5. 断裂圈长边处于弹塑性分界区，而短边处于塑性煤体区 6. 断裂圈长边处于弹性煤体区，短边处于塑性或者弹塑性分界区 7. 断裂圈长边与短边均处于弹性煤体区 8. 断裂圈长/短边均处于煤体弹塑性分界区 9. 结合煤柱区三类，组合有十余种破断位态
指导意义方面	不能分析1、2、3等	不能有效分析1、2、3等	1. 长边煤柱区断裂位态：遗留煤柱双侧覆岩破断位置；遗留煤柱双侧覆岩板块铰接关系及联动属性；回采阶段长边煤柱侧工作面端部矿压控制 2. 长边深入煤体破断：非对称破断的砌体块失稳条件方面；预警工作面大面积来压灾害；邻侧区段巷道位置选择 3. 短边深入煤体破断：沿空煤巷位置选择；沿空巷道覆岩稳定性评价

4.9.2　工程指导意义分类简述

如图 4 - 11 所示，长边采空（煤柱）弹塑性基础边界基本顶板结构模型所得结论具有全空间指导意义，包括在本煤层开采区域的四个方向及下伏煤层开采区域的四个方向，即纵横空间四对方向（长边煤柱区的同层及下层区域①，长边

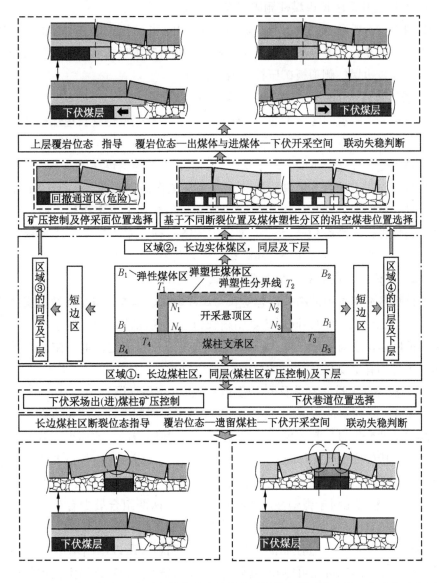

图 4 - 11　长边（煤柱）与弹塑性基础边界基本顶板结构模型全空间工程意义示意图

实体煤区的同层及下层区域②，两侧短边的同层及下层区域③与区域④）均具有重要工程价值，且在表4-4中与传统模型进行对比，表明本章模型的优势与实质性的新进展。

4.9.2.1 长边煤柱区域基本顶破断模式的工程意义

1. 本煤层开采区长边煤柱侧矿压控制方面

如图4-11所示的区域①的本煤层部分，由于长边煤柱区基本顶的断裂位态和实体煤区的差异显著，所以矿压显现各异，明析基本顶的实际断裂位态结合矿压数据可为长边煤柱侧顶板矿压控制指明方向。

2. 长边煤柱区的断裂位态对下伏煤层开采指导方面

如图4-11所示的区域①的下伏煤层部分，本章模型得到长边煤柱区基本顶主要有三类断裂位态，煤柱区上覆有一条基本顶断裂线或者2条基本顶断裂线，那么失稳灾变条件完全不同。若下伏煤层开采，上覆遗留煤柱区基本顶断裂块体的铰接特征与稳定性对下伏煤层的巷道布置及工作面回采阶段（下伏工作面出煤柱、进煤柱等）是否发生上下伏岩层联动失稳起到了决定作用。所以，研究清楚长边煤柱覆岩断裂位态是三类模式中的哪一种，才能构建符合实际的"覆岩位态—长边煤柱—下伏开采空间联动失稳判断模型"，可见意义显著。

4.9.2.2 实体煤区域基本顶断裂模式方面

实体煤区域基本顶的断裂位态受长边煤柱参数、基本顶自身参数、实体煤参数及长宽度比/跨度等的共同影响。明晰长边采空（煤柱）模型的基本顶在实体煤区域的断裂位态对区段煤柱选择、综采/放停采位置确定及本工作面推进方向矿压预警等均有重要意义。

1. 区段煤柱留设、巷道及覆岩稳定性分析（本层煤层）

如图4-11所示的区域①、②、③与④的本煤层部分，考虑长边煤柱参数及实体煤弹塑性变形时，实体煤侧基本顶是深入煤体断裂的，实体煤区基本顶断裂线相对于下伏的弹塑性煤体有三类分区位置；在实体煤区沿空掘进巷道时，巷道相对于基本顶断裂线有三类位置（断裂块体下方、断裂线下方、实体煤区完整覆岩下方），巷道相对于弹塑性煤体有三类位置，两两组合最少有9种，沿空掘进巷道的煤柱宽度/巷道位置不同时，巷道所处的围岩环境及覆岩结构位态（失稳条件迥异）不同，巷道控制的难易程度差异明显，所以明晰基本顶在邻侧区段的断裂位置及形态进而可得到邻侧块体的失稳条件，为巷道沿空掘进巷道的稳定控制指明方向。

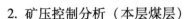

2. 矿压控制分析（本层煤层）

如图4-11所示的区域②、③与④的本煤层部分，考虑长边煤柱参数及实体煤弹塑性变形时，在工作面推进方向，基本顶是深入实体煤断裂的，基本顶断裂与工作面显著来压之间是有时间差的，时间差是基本顶深入煤体断裂距离与工作面当时阶段的推进速度的比值，这就为提前预警工作面大面积来压提供时间和距离空间。

3. 综采/放面的停采线位置确定方面（本层煤层）

如图4-11区域②、③与④的本煤层部分，考虑长边煤柱参数及实体煤弹塑性变形时，在工作面推进方向，基本顶是深入实体煤断裂的，综采/放工作面均有停采回收支架阶段，工作面停采阶段，覆岩结构位态及稳定性直接决定了回收支架期间的安全性，所以依据模型确定基本顶的断裂位置，工作面持续推进，越过断裂线后，支架上方的顶板为悬臂板稳定结构，此阶段保障回撤通道的稳定最容易也最安全。

4. 下伏煤层工作面出/进上覆煤体的下伏空间方面（下伏开采空间联动分析）

如图4-11所示的区域②、③与④的下伏煤层部分，对于近距离煤层开采，下伏煤层开采过程中会出现下伏开采的工作面推进/推出上覆实体煤与采空区交界作用区域的下伏空间，那么明确上覆岩层的覆岩结构位态，特别是基本顶的断裂位置和形态，这样方能构建符合实际的"覆岩位态—出煤体/进煤体—下伏开采空间联动失稳判断模型"，进而指导下伏工作面采取科学的方法出/进煤体。

5

基本顶板结构初次破断与
全区域反弹时空关系

当前对基本顶超前煤壁破断扰动特性的研究计算主要是基于岩梁模型，但岩梁模型只能用于长壁工作面基本顶中部区扰动特征的分析，而不能对基本顶初次破断阶段开采全区域扰动规律进行研究。所以，尚未研究清楚基本顶板结构深入煤体时开采全区域反弹压缩场特征，也未研究清楚初次破断时破断长度、破断程度及破断发展过程不同时的全区域反弹压缩场时空演化规律，而且没有理论依据确切指导如何选择反弹压缩信息的监测位置，也无确切依据说明监测到的反弹信息是属于几级反弹区。

为了研究清楚这些问题，本章建立了可变形基础边界（主要研究基础的弹性变形部分）基本顶板结构初次破断扰动力学模型，给出了断裂线和未破断区的力学方程及边界条件，阐述了差分法解算该复杂模型的具体方法，详细研究了基本顶板结构深入煤体初次破断的破断长度、破断程度及破断发展过程不同时的全区域反弹压缩场时空演化规律，并提出判断基本顶深入煤体初次破断位置及时间的预警方法体系，以更好预防工作面出现大面积切顶等灾害事故。

5.1 基本顶初次破断的边界条件分析

如图 5-1 所示，基本顶在实体煤区的上覆与下伏岩层一般假设为刚性岩层（固支边）或可变形岩层。对于固支边界模型，需假设基本顶上、下伏岩层的刚度为无穷大，但是上覆岩层和下伏岩层刚度一般均小于（甚至是远小于）基本顶的刚度，所以这种假设有较大缺陷；当要分析基本顶破断在岩体内的扰动特性时，刚性固支边界无法符合研究要求，所以需要建立考虑实体煤可变形特性的基

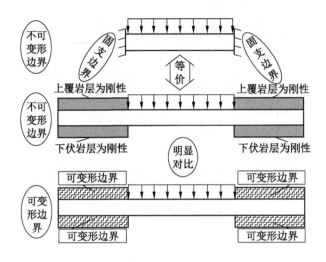

图 5-1 基本顶边界条件假设基本类型

本顶板结构初次破断扰动力学模型进行研究。

5.2 弹性基础边界基本顶板结构初次破断扰动力学模型建立

一般工作面初次来压前悬顶区域基本顶的短边长度 L 与基本顶的厚度 h 之比可满足弹性薄板力学假设，下面所构建的弹性基础边界基本顶板结构初次破断扰动力学模型即以基本顶薄板结构模型为基础。

5.2.1 力学模型

图 5-2 为可变形基础边界基本顶板结构初次破断扰动力学模型，其中矩形 $ABCD$ 为基本顶初次破断前的开采区域（设 AB 长度为 $2a$，AD 长度为 $2b$），开采区域 $ABCD$ 之外的基本顶受到上覆较软岩层与下伏直接顶与煤层的夹支，此区域在无穷远处即矩形边界 $A_0B_0C_0D_0$（设 A_0B_0 为 $2x_c$，A_0D_0 为 $2y_c$）上必定不受开采区 $ABCD$ 扰动的影响，那么在无穷远处（即 $x_c \to +\infty$ 及 $y_c \to +\infty$ 时）的四条边 A_0B_0、B_0C_0、C_0D_0 及 D_0A_0 的挠度为零且截面法向线转角为零。

研究表明，实体煤区为可变形基础边界而非固支边界时基本顶初次破断位置为长边深入实体区或者开采区中部。如图 5-2 所示，设长边断裂线为 A_dB_d，位置在 $y = y_d$ 线上，则断裂线深入煤体的距离为 $(y_d - b)$，断裂线的长度为 $2x_d$，若 $x_d = 0$ 则表示长边超前煤壁的位置没有发生破断；设开采区中部的断裂线为

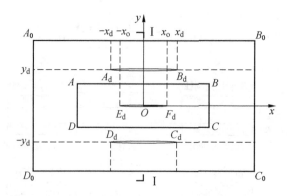

图 5 - 2　基本顶板结构破断扰动力学模型

$E_d F_d$，其长度为 $2x_o$，同样若 $x_o = 0$，则表示开采区中部没有发生破断。

5.2.1.1　非断裂区基本顶板结构方程

开采区 $ABCD$（不包括断裂线）各处满足的微分方程为：

$$\frac{\partial^4 \omega_0(x,y)}{\partial x^4} + 2\frac{\partial^4 \omega_0(x,y)}{\partial x^2 \partial y^2} + \frac{\partial^4 \omega_0(x,y)}{\partial y^4} = \frac{1}{D}q \qquad (5-1)$$

式中，$\omega_0(x, y)$ 为 $ABCD$ 区域基本顶挠度函数（不包括断裂线）；D 为基本顶刚度；q 为基本顶承担载荷。

开采区域 $ABCD$ 之外（除断裂线）的基本顶满足的挠度偏微分方程为：

$$\frac{\partial^4 \omega_1(x,y)}{\partial x^4} + 2\frac{\partial^4 \omega_1(x,y)}{\partial x^2 \partial y^2} + \frac{\partial^4 \omega_1(x,y)}{\partial y^4} = \frac{-k\omega_1(x,y)}{D} \qquad (5-2)$$

式中，$\omega_1(x, y)$ 为 $ABCD$ 之外区域的基本顶挠度函数（不包括断裂线）；k 为实体煤区弹性基础系数。

$$D = \frac{Eh^3}{12(1-\mu^2)} \qquad (5-3)$$

式中，h 为基本顶厚度，m；μ 为泊松比；E 为弹性模量，GPa。

5.2.1.2　基本顶断裂线力学方程

1. y 轴正向深入煤体断裂线 $A_d B_d$

基本顶深入煤体完全破断时，断裂线处的弯矩衰减为零；基本顶深入煤体并不是完全破断时，断裂线处必定还存在残余弯矩。设断裂线 $A_d B_d$ 的 y 轴正向侧与负向侧的残余弯矩为分别为 g_1 与 g_3，g_1 与 g_3 数值上相等；同样设 A_dB_d 断裂线的 y 轴正向与负向侧的剪力（摩擦力）分别为 g_2 与 g_4，两者数值上相等。A_dB_d 断裂线满足的方程如式（5-4）所示。

$$
\text{断裂线}\ A_dB_d
\begin{cases}
A_dB_d\ \text{的} \\ y\ \text{轴正向侧}
\begin{cases}
-x_d < x < x_d \\ y = y_d{}^+
\end{cases}
\begin{cases}
M_y\big|_{y=y_d{}^+} = -D\left(\dfrac{\partial^2 \omega_1}{\partial y^2} + \mu\dfrac{\partial^2 \omega_1}{\partial x^2}\right) = g_1 \\[3mm]
F_{Vy}\big|_{y=y_d{}^+} = -D\left[\dfrac{\partial^3 \omega_1}{\partial y^3} + (2-\mu)\dfrac{\partial^3 \omega_1}{\partial x^2 \partial y}\right] = g_2
\end{cases} \\[12mm]
A_dB_d\ \text{的} \\ y\ \text{轴负向侧}
\begin{cases}
-x_d < x < x_d \\ y = y_d{}^-
\end{cases}
\begin{cases}
M_y\big|_{y=y_d{}^-} = -D\left(\dfrac{\partial^2 \omega_1}{\partial y^2} + \mu\dfrac{\partial^2 \omega_1}{\partial x^2}\right) = g_3 \\[3mm]
F_{Vy}\big|_{y=y_d{}^-} = -D\left[\dfrac{\partial^3 \omega_1}{\partial y^3} + (2-\mu)\dfrac{\partial^3 \omega_1}{\partial x^2 \partial y}\right] = g_4
\end{cases}
\end{cases}
$$

$$(5-4)$$

由于断裂线 C_dD_d 和 A_dB_d 分别处于开采区后侧和前侧的实体煤区（深入煤体区），一般均可认为两个断裂线对称分布且长度相等，所以断裂线 C_dD_d 的力学方程和 A_dB_d 的力学方程除位置不同外，函数结构和断裂线处的弯矩和剪力数值分别均对应相同，所以不再给出 C_dD_d 的力学方程（以及后文中对应的差分方程）。

2. 开采区中部断裂线 E_dF_d

同样，若基本顶在开采区中部发生破断，断裂线 E_dF_d 平行于 x 轴，破断后也存在局部破断和完全破断两种情况，设 E_dF_d 断裂线在 y 轴正向侧与负向侧的弯矩分别为 g_5 与 g_7，两者数值上相等；设断裂线 E_dF_d 在 y 轴正向侧与负向侧岩块间的剪力（摩擦力）分别为 g_6 与 g_8，两者数值上相等，如式（5-5）所示。

$$
\text{断裂线}\ E_dF_d
\begin{cases}
E_dF_d\ \text{的} \\ y\ \text{轴正向侧}
\begin{cases}
-x_o < x < x_o \\ y = 0\big|_{y=0^+}
\end{cases}
\begin{cases}
M_y\big|_{y=0^+} = -D\left(\dfrac{\partial^2 \omega_1}{\partial y^2} + \mu\dfrac{\partial^2 \omega_1}{\partial x^2}\right) = g_5 \\[3mm]
F_{Vy}\big|_{y=0^+} = -D\left[\dfrac{\partial^3 \omega_1}{\partial y^3} + (2-\mu)\dfrac{\partial^3 \omega_1}{\partial x^2 \partial y}\right] = g_6
\end{cases} \\[12mm]
E_dE_d\ \text{的} \\ y\ \text{轴负向侧}
\begin{cases}
-x_o < x < x_o \\ y = 0\big|_{y=0^-}
\end{cases}
\begin{cases}
M_y\big|_{y=0^-} = -D\left(\dfrac{\partial^2 \omega_1}{\partial y^2} + \mu\dfrac{\partial^2 \omega_1}{\partial x^2}\right) = g_7 \\[3mm]
F_{Vy}\big|_{y=0^-} = -D\left[\dfrac{\partial^3 \omega_1}{\partial y^3} + (2-\mu)\dfrac{\partial^3 \omega_1}{\partial x^2 \partial y}\right] = g_8
\end{cases}
\end{cases}
$$

$$(5-5)$$

5.2.2 边界条件

5.2.2.1 模型连续条件

$$
\begin{cases}
\begin{cases} -a \leqslant x \leqslant a \\ y = b \end{cases}, \begin{cases} \dfrac{\partial}{\partial y} \nabla^2 \omega_1 = \dfrac{\partial}{\partial y} \nabla^2 \omega_0 \\[2mm] \dfrac{\partial^2 \omega_1}{\partial y^2} + \mu \dfrac{\partial^2 \omega_1}{\partial x^2} = \dfrac{\partial^2 \omega_0}{\partial y^2} + \mu \dfrac{\partial^2 \omega_0}{\partial x^2} \\[2mm] \dfrac{\partial \omega_1}{\partial y} = \dfrac{\partial \omega_0}{\partial y} \\[2mm] \omega_1(x,b) = \omega_0(x,b) \end{cases} \\[20mm]
\begin{cases} -a \leqslant x \leqslant a \\ y = -b \end{cases}, \begin{cases} \dfrac{\partial}{\partial y} \nabla^2 \omega_1 = \dfrac{\partial}{\partial y} \nabla^2 \omega_0 \\[2mm] \dfrac{\partial^2 \omega_1}{\partial y^2} + \mu \dfrac{\partial^2 \omega_1}{\partial x^2} = \dfrac{\partial^2 \omega_0}{\partial y^2} + \mu \dfrac{\partial^2 \omega_0}{\partial x^2} \\[2mm] \dfrac{\partial \omega_1}{\partial y} = \dfrac{\partial \omega_0}{\partial y} \\[2mm] \omega_1(x,-b) = \omega_0(x,-b) \end{cases} \\[20mm]
\begin{cases} -b \leqslant y \leqslant b \\ x = a \end{cases}, \begin{cases} \dfrac{\partial}{\partial x} \nabla^2 \omega_1 = \dfrac{\partial}{\partial x} \nabla^2 \omega_0 \\[2mm] \dfrac{\partial^2 \omega_1}{\partial x^2} + \mu \dfrac{\partial^2 \omega_1}{\partial y^2} = \dfrac{\partial^2 \omega_0}{\partial x^2} + \mu \dfrac{\partial^2 \omega_0}{\partial y^2} \\[2mm] \dfrac{\partial \omega_1}{\partial x} = \dfrac{\partial \omega_0}{\partial x} \\[2mm] \omega_1(a,y) = \omega_0(a,y) \end{cases} \\[20mm]
\begin{cases} -b \leqslant y \leqslant b \\ x = -a \end{cases}, \begin{cases} \dfrac{\partial}{\partial x} \nabla^2 \omega_1 = \dfrac{\partial}{\partial x} \nabla^2 \omega_0 \\[2mm] \dfrac{\partial^2 \omega_1}{\partial x^2} + \mu \dfrac{\partial^2 \omega_1}{\partial y^2} = \dfrac{\partial^2 \omega_0}{\partial x^2} + \mu \dfrac{\partial^2 \omega_0}{\partial y^2} \\[2mm] \dfrac{\partial \omega_1}{\partial x} = \dfrac{\partial \omega_0}{\partial x} \\[2mm] \omega_1(-a,y) = \omega_0(-a,y) \end{cases}
\end{cases} \quad (5-6)
$$

开采区 *ABCD* 的边界即 *AB*、*BC*、*CD* 及 *AD* 边均具有双重属性，满足开采区域的挠度偏微分方程也满足弹性基础区域的挠度偏微分方程，而基本顶在四条分界边上是连续的整体，所以需要满足连续条件（挠度、转角、弯矩及剪力均分别连续），如式（5-6）所示。

5.2.2.2 模型外边界条件

$$
\begin{cases}
\begin{cases} x = -x_c \rightarrow -\infty \\ -y_c \leqslant y \leqslant y_c \end{cases} & \omega_1 = 0, \dfrac{\partial \omega_1}{\partial x} = 0 \\[2em]
\begin{cases} x = x_c \rightarrow +\infty \\ -y_c \leqslant y \leqslant y_c \end{cases} & \omega_1 = 0, \dfrac{\partial \omega_1}{\partial x} = 0 \\[2em]
\begin{cases} y = y_c \rightarrow +\infty \\ -x_c \leqslant x \leqslant x_c \end{cases} & \omega_1 = 0, \dfrac{\partial \omega_1}{\partial y} = 0 \\[2em]
\begin{cases} y = -y_c \rightarrow -\infty \\ -x_c \leqslant x \leqslant x_c \end{cases} & \omega_1 = 0, \dfrac{\partial \omega_1}{\partial y} = 0
\end{cases}
\tag{5-7}
$$

煤层开挖后，在开挖外围无穷远处（或很远处），开采对之的影响极小，所以必定存在挠度及截面法向线转角为零的位置，该位置设为矩形边界 $A_1 B_1 C_1 D_1$，即无穷远处（或很远处）满足固支边界条件要求，如式（5-7）所示。

5.3 基本顶板结构初次破断扰动（反弹压缩）模型解算

要研究基本顶板结构初次破断引起的开采全区域的扰动规律（反弹压缩场），需要求解方程在边界条件下的解析解，可见难度极大，即便是 $x_c = 0$ 且 $x_o = 0$，即非断裂状态时的方程求解也难以实现。所以通过有限差分方法来研究，下面给出具体解算过程。

5.3.1 差分算法

如图 5-3 所示，采用差分法解算偏微分方程时，先对差分结点（偏微分方程需要 13 个结点表示）进行编号，以便进行求解处理。中心结点 P 为特征结点，编号为 (v, u)，结点间距 $\Delta x = \Delta y = m$。

挠度偏微分方程（5-1）基于图 5-3 结点编号的差分方程为：

$$
\begin{aligned}
& 20\omega_{v,u} - 8(\omega_{v+1,u} + \omega_{v-1,u} + \omega_{v,u+1} + \omega_{v,u-1}) + \\
& 2(\omega_{v+1,u+1} + \omega_{v+1,u-1} + \omega_{v-1,u+1} + \omega_{v-1,u-1}) + \\
& \omega_{v+2,u} + \omega_{v-2,u} + \omega_{v,u+2} + \omega_{v,u-2} - \dfrac{qm^4}{D} = 0
\end{aligned}
\tag{5-8}
$$

挠度偏微分方程（5-2）基于图 5-3 结点编号的差分方程为

$$\left(20 + m^4 \frac{k}{D}\right)\omega_{v,u} - 8\left(\omega_{v+1,u} + \omega_{v-1,u} + \omega_{v,u+1} + \omega_{v,u-1}\right) +$$

$$2\left(\omega_{v+1,u+1} + \omega_{v+1,u-1} + \omega_{v-1,u+1} + \omega_{v-1,u-1}\right) +$$

$$\omega_{v+2,u} + \omega_{v-2,u} + \omega_{v,u+2} + \omega_{v,u-2} = 0 \qquad (5-9)$$

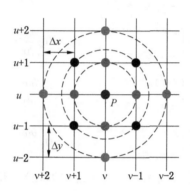

图 5 - 3　差分法结点编号图

5.3.2　外边界条件方程的差分方程

外边界 $A_0 B_0$、$B_0 C_0$、$C_0 D_0$ 及 $A_0 D_0$ 满足方程的差分方程如下所示：

$$\begin{cases} \begin{cases} A_0 D_0 \text{ 边 } x = -x_c \\ \text{或} \\ B_0 C_0 \text{ 边 } x = x_c \end{cases} \begin{cases} \omega_{v,u} = 0 \\ \left(\dfrac{\partial y}{\partial x}\right)_{v,u} = \dfrac{\omega_{v-1,u} - \omega_{v+1,u}}{2\Delta x} = 0 \end{cases} \\ \begin{cases} A_0 B_0 \text{ 边 } y = y_c \\ \text{或} \\ C_0 D_0 \text{ 边 } y = -y_c \end{cases} \begin{cases} \omega_{v,u} = 0 \\ \left(\dfrac{\partial \omega}{\partial y}\right)_{v,u} = \dfrac{\omega_{v,u-1} - \omega_{v,u+1}}{2\Delta y} = 0 \end{cases} \end{cases} \qquad (5-10)$$

5.3.3　断裂线力学方程的差分方程

描述深入煤体的断裂线 $A_d B_d$、$C_d D_d$ 及开采区中部断裂线 $E_d F_d$ 的力学方程也需进行差分化处理，$A_d B_d$（或 $C_d D_d$）与 $E_d F_d$ 所满足方程的差分方程分别为式（5 - 11）及式（5 - 12）。设 $A_d B_d$ 与 $E_d F_d$ 断裂线两侧裂纹的间距为 Δy，设 $A_d B_d$ 断裂线的 y 轴正向侧与负向侧位置分别为 $y = y_d + 0.5\Delta y$ 与 $y = y_d - 0.5\Delta y$；设 $E_d F_d$ 断裂线的 y 轴正向侧与负向侧位置分别为 $y = 0 + 0.5\Delta y$ 与 $y = 0 - 0.5\Delta y$，这样便于对裂纹两侧力学方程的描述。

$$A_d B_d \text{ 线}
\begin{cases}
\begin{cases}
-x_d < x < x_d \\
y = y_d + \dfrac{\Delta y}{2}
\end{cases}
\begin{cases}
(M_y |_{y_d+\frac{\Delta y}{2}})_{v,u} = -D\left(\dfrac{\partial^2 \omega_1}{\partial y^2} + \mu \dfrac{\partial^2 \omega_1}{\partial x^2}\right)_{v,u} = -\dfrac{D}{(\Delta y)^2} \\
[(\omega_{v,u-1} - 2\omega_{v,u} + \omega_{v,u+1}) + \mu(\omega_{v-1,u} - 2\omega_{v,u} + \omega_{v+1,u})] = g_1 \\
(F_{Vy}|_{y_d+\frac{\Delta y}{2}})_{v,u} = -D\left(\dfrac{\partial^3 \omega_1}{\partial y^3} + (2-\mu)\dfrac{\partial^3 \omega_1}{\partial x^2 \partial y}\right)_{v,u} = -\dfrac{D}{2(\Delta y)^3} \\
[-2\omega_{v,u-1} + 2\omega_{v,u+1} + \omega_{v,u-2} - \omega_{v,u+2} + (2-\mu)(\omega_{v-1,u-1} + \\
\omega_{v+1,u-1} - \omega_{v-1,u+1} - \omega_{v-1,u+1} - 2\omega_{v-1,u} + 2\omega_{v+1,u})] = g_2
\end{cases} \\[2em]
\begin{cases}
-x_d < x < x_d \\
y = y_d - \dfrac{\Delta y}{2}
\end{cases}
\begin{cases}
(M_y |_{y_d-\frac{\Delta y}{2}})_{v,u} = -D\left(\dfrac{\partial^2 \omega_1}{\partial y^2} + \mu \dfrac{\partial^2 \omega_1}{\partial x^2}\right)_{v,u} = -\dfrac{D}{(\Delta y)^2} \\
[(\omega_{v,u-1} - 2\omega_{v,u} + \omega_{v,u+1}) - \mu(\omega_{v-1,u} - 2\omega_{v,u} + \omega_{v+1,u})] = g_3 \\
(F_{Vy}|_{y_d-\frac{\Delta y}{2}})_{v,u} = -D\left[\dfrac{\partial^3 \omega_1}{\partial y^3} + (2-\mu)\dfrac{\partial^3 \omega_1}{\partial x^2 \partial y}\right]_{v,u} = -\dfrac{D}{2(\Delta y)^3} \\
[-2\omega_{v,u-1} + 2\omega_{v,u+1} + \omega_{v,u-2} - \omega_{v,u+2} + (2-\mu)(\omega_{v-1,u-1} + \\
\omega_{v+1,u-1} - \omega_{v-1,u+1} - \omega_{v-1,u+1} - 2\omega_{v-1,u} + 2\omega_{v+1,u})] = g_4
\end{cases}
\end{cases}$$

$$(5-11)$$

$$E_d F_d \text{ 线}
\begin{cases}
\begin{cases}
-x_o < x < x_o \\
y = 0 + \dfrac{\Delta y}{2}
\end{cases}
\begin{cases}
(M_y |_{y=0+\frac{\Delta y}{2}})_{v,u} = -D\left(\dfrac{\partial^2 \omega_1}{\partial y^2} + \mu \dfrac{\partial^2 \omega_1}{\partial x^2}\right)_{v,u} = -\dfrac{D}{(\Delta y)^2} \\
[(\omega_{v,u-1} - 2\omega_{v,u} + \omega_{v,u+1}) + \mu(\omega_{v-1,u} - 2\omega_{v,u} + \omega_{v+1,u})] = g_5 \\
(F_{Vy}|_{y=0+\frac{\Delta y}{2}})_{v,u} = -D\left(\dfrac{\partial^3 \omega_1}{\partial y^3} + (2-\mu)\dfrac{\partial^3 \omega_1}{\partial x^2 \partial y}\right)_{v,u} = -\dfrac{D}{2(\Delta y)^3} \\
[-2\omega_{v,u-1} + 2\omega_{v,u+1} + \omega_{v,u-2} - \omega_{v,u+2} + (2-\mu)(\omega_{v-1,u-1} + \\
\omega_{v+1,u-1} - \omega_{v-1,u+1} - \omega_{v-1,u+1} - 2\omega_{v-1,u} + 2\omega_{v+1,u})] = g_6
\end{cases} \\[2em]
\begin{cases}
-x_o < x < x_o \\
y = 0 - \dfrac{\Delta y}{2}
\end{cases}
\begin{cases}
(M_y |_{y=0-\frac{\Delta y}{2}})_{v,u} = -D\left(\dfrac{\partial^2 \omega_1}{\partial y^2} + \mu \dfrac{\partial^2 \omega_1}{\partial x^2}\right)_{v,u} = -\dfrac{D}{(\Delta y)^2} \\
[(\omega_{v,u-1} - 2\omega_{v,u} + \omega_{v,u+1}) + \mu(\omega_{v-1,u} - 2\omega_{v,u} + \omega_{v+1,u})] = g_7 \\
(F_{Vy}|_{y=0-\frac{\Delta y}{2}})_{v,u} = -D\left(\dfrac{\partial^3 \omega_1}{\partial y^3} + (2-\mu)\dfrac{\partial^3 \omega_1}{\partial x^2 \partial y}\right)_{v,u} = -\dfrac{D}{2(\Delta y)^3} \\
[-2\omega_{v,u-1} + 2\omega_{v,u+1} + \omega_{v,u-2} - \omega_{v,u+2} + (2-\mu)(\omega_{v-1,u-1} + \\
\omega_{v+1,u-1} - \omega_{v-1,u+1} - \omega_{v-1,u+1} - 2\omega_{v-1,u} + 2\omega_{v+1,u})] = g_8
\end{cases}
\end{cases}$$

$$(5-12)$$

5.3.4 破断准则及研究因素确定

根据主弯矩破断准则确定基本顶所受的主弯矩达到弯矩极限 M_s 时的位置，由此可研究基本顶板结构初次破断长度不同、破断发展过程不同及破断程度不同（弯矩衰减程度不同）时的全区域反弹压缩场特征及数值变化规律。主弯矩的差分式如式（5-13）所示，其中 $(M_x)_{v,u}$、$(M_y)_{v,u}$ 为各结点的弯矩分量，$(M_{xy})_{v,u}$ 为扭矩分量，把各结点挠度解代入可求得；$(M_1)_{v,u}$ 与 $(M_3)_{v,u}$ 为各个结点的最大、最小主弯矩，弯矩分量和扭矩分量代入即可求得。

$$
\begin{cases}
(M_x)_{v,u} = -D\left(\dfrac{\partial^2 \omega}{\partial x^2} + \mu \dfrac{\partial^2 \omega}{\partial y^2}\right)_{v,u} = -\dfrac{D}{(\Delta x)^2}\big[\omega_{v-1,u} - 2\omega_{v,u} + \omega_{v+1,u} + \\
\quad \mu\omega_{v,u-1} - 2\mu\omega_{v,u} + \mu\omega_{v,u+1}\big] \\[2mm]
(M_y)_{v,u} = -D\left(\dfrac{\partial^2 \omega}{\partial y^2} + \mu \dfrac{\partial^2 \omega}{\partial x^2}\right)_{v,u} = -\dfrac{D}{(\Delta y)^2}\big[\omega_{v,u-1} - 2\omega_{v,u} + \omega_{v,u+1} + \\
\quad \mu\omega_{v-1,u} - 2\mu\omega_{v,u} + \mu\omega_{v+1,u}\big] \\[2mm]
(M_{xy})_{v,u} = -D(1-\mu)\left(\dfrac{\partial^2 \omega}{\partial x \partial y}\right)_{v,u} = -\dfrac{D(1-\mu)}{4(\Delta x)^2}(\omega_{v-1,u-1} - \omega_{v+1,u-1} + \\
\quad \omega_{v+1,u+1} - \omega_{v-1,u+1}) \\[2mm]
(M_{1,3})_{v,u} = \dfrac{(M_x)_{v,u} + (M_y)_{v,u}}{2} \pm \sqrt{\left(\dfrac{(M_x)_{v,u} - (M_y)_{v,u}}{2}\right)^2 + (M_{xy})_{v,u}^2}
\end{cases}
$$

$$(5-13)$$

5.3.5 计算过程

对于挠度偏微分方程经过差分法处理后，转化为 13 结点差分方程（5-8）与式（5-9），方程中的未知数为各个结点的挠度。由于对计算区域 $A_1B_1C_1D_1$ 内的各个挠度未知的结点均可构造这种 13 结点差分方程，所有这类方程组合可构造多元方程组。虽然该方程组易解，但是个数较多，可采用 Matlab 软件实现求解。

具体解算过程如图 5-4 所示，即先计算确定主弯矩达到极限时基本顶全区域的挠度值（断前挠度），在通过主弯矩破断准则分别确定破断长度及破断程度不同时的挠度值。开采全区域的基本顶断前与断后的挠度值作差，再根据差值正负来确定各个结点处是发生反弹还是压缩，从而可研究全区域反弹压缩场的形态与分区特征及数值变化规律。

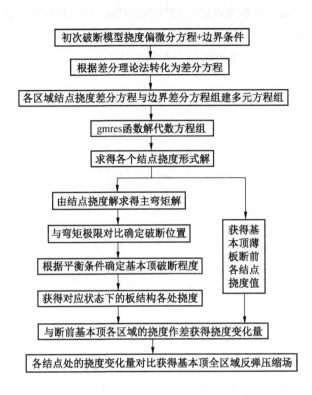

图 5-4   基本顶初次破断反弹压缩场计算过程

5.4   弹性基础边界基本顶板结构初次破断扰动（反弹压缩）规律

为了研究基本顶初次破断引起的反弹压缩场分布规律，设参数来具体分析和说明其形态特征。基本顶泊松比为 0.25，厚度 h 与弹模 E 分别为 6 m 与 31 GPa，工作面长度为 140 m，k 为 0.8 GN/m³，位于工作面前方与后方的长边断裂线 A_dB_d 与 C_dD_d 深入煤体距离均为 3 m，悬顶区基本顶承担载荷为 0.32 MPa，破断后岩板间自由铰接。通过上述方法经计算研究得到基本顶中部破断时全区域反弹压缩场没有规律性，所以本文主要计算分析长边深入煤体破断在岩体内引起的全区域反弹压缩场形态特性及特征区域内的反弹压缩量分布规律以及这些特征和规律与基本顶深入煤体的断裂范围、断裂发展过程及断裂程度之间的时空关系。

5.4.1 弹性基础边界基本顶板结构初次破断扰动（反弹压缩）分区及特征

图 5-5 为上述计算方法得到的基本顶深入煤体初次断裂时（$A_d B_d$ 断裂线长度为 40 m）全区域反弹压缩场的形态及分区特征图。

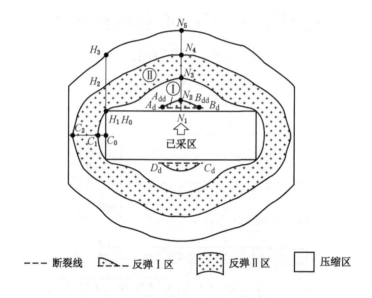

--- 断裂线　　　　反弹 I 区　　　　反弹 II 区　　　　压缩区

图 5-5　基本顶初次破断反弹压缩场形态及分区特征图

根据图 5-5 可知，基本顶深入煤体初次破断时，在断裂线前方产生近似半椭圆形反弹区，本文称为"反弹 I 区"，反弹 I 区的前侧为压缩区，压缩区的外侧为反弹区，本文称为"反弹 II 区"，该区内、外边界线的垂直距离接近相等。反弹 II 区为椭环形且包围了整个开采"悬顶区"，所以基本顶深入煤体断裂时可在工作面短边的邻侧巷道及两巷区监测到反弹压缩信息。椭环形反弹 II 区的外侧为椭环形压缩区，且椭环形压缩区内、外边界线的垂直距离接近相等。

整体上看，基本顶深入煤体初次破断时在断裂线外侧依次产生"半椭圆形反弹 I 区"→"椭环形压缩区"→"椭环形反弹 II 区"→"椭环形压缩区"。

5.4.2 反弹压缩场特征区域的反弹压缩值分布

图 5-5 仅仅说明了基本顶深入煤体断裂时的全区域反弹压缩场的形态及分区特征，下面分析特征区域内的（断裂线区、垂直于工作面走向的中线区、两巷区、短边的邻侧巷道区）反弹压缩场影响范围及反弹压缩量值分布规律。

1. A_dB_d 断裂线前侧区

图 5-6a 为断裂线 A_dB_d 前侧（y 轴正向侧）位置反弹压缩量曲线图，断裂线中部位置产生的反弹量最大，靠近两端区反弹量逐渐减小，断裂线上具有反弹点的线为 $A_{dd}B_{dd}$ 且长度小于 A_dB_d，可见断裂线的端部为压缩区而非反弹区。

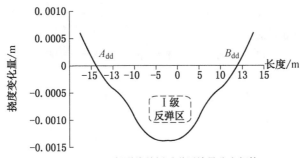

(a) A_dB_d 断裂线前侧反弹压缩量分布规律

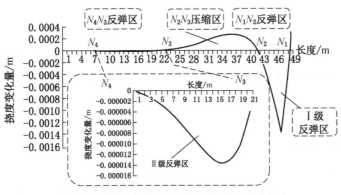

(b) 断裂线中垂线 N_1N_4 区域反弹压缩量分布规律

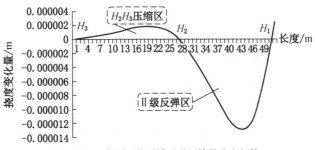

(c) 工作面两巷区域反弹压缩量分布规律

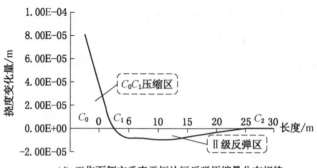

(d) 工作面侧方垂直于短边区反弹压缩量分布规律

图 5-6 特征区域的反弹压缩量曲线图

2. 断裂线中垂线区

提取出图 5-5 中的开采区长边中垂线 N_1N_5 上的挠度变化值,结果如图 5-6b 所示。

根据图 5-5 及图 5-6b 可知,断裂线中部前方(推进方向)区域依次出现的反弹 I 区(N_1N_2 反弹区)、N_2N_3 压缩区、反弹 II 区(N_3N_4 反弹区)及 N_4N_5 压缩区的范围分别为 7 m、20 m、21 m 及 22 m,且反弹区及压缩的极值位置在偏向断裂线侧而非各个区间的中点,且离断裂线越远,反弹及压缩极值越小。

3. 工作面两巷区

提取图 5-5 中工作面两巷区 H_1H_3 线上的挠度变化值,结果如图 5-6c 所示。

根据图 5-5 及图 5-6c 可知,基本顶深入煤体断裂时工作面两巷区从工作面侧开始依次出现反弹 II 区(H_1H_2 反弹区,范围约为 22 m),H_2H_3 压缩区(范围约为 27 m),且反弹区及压缩区的极值位置在偏向断裂线侧而非各个区间的中点,且离断裂线越远,反弹及压缩极值越小。

4. 工作面侧方垂直于短边区

提取出图 5-5 中的工作面侧方垂直于短边区 C_0C_2 上的挠度变化值,结果如图 5-6d 所示。

根据图 5-5 及图 5-6d 可知,基本顶深入煤体断裂时工作面短边区(侧方区)出现 C_0C_1 压缩区(范围约为 6 m)及 C_1C_2 反弹区(范围约为 22 m),且反弹区及压缩区的极值位置在偏向断裂线侧而非各个区间的中点。

5.4.3 初次破断反弹压缩场的破断长度效应

图 5-7 为基本顶深入煤体初次破断长度不同时全区域反弹压缩场的分区及形态特征对比图。由图可得，破断长度不同时，反弹压缩场分区特征不变，即断裂线外围均是依次形成"半椭圆形反弹Ⅰ区"→"椭环形压缩区"→"椭环形反弹Ⅱ区"→"椭环形压缩区"；破断线中部区的反弹影响范围不变，靠近破断线端部时范围逐渐减小，且破断线的端部是压缩区而非反弹区；随着破断线长度增大，工作面端头区的两巷出现压缩区，且破断程度越大，$H_0 H_1$ 压缩区的影响范围越大，如图 5-7b 及图 5-7c 所示。

由于在工作面短边及两巷区可方便布置测站监测反弹压缩信息，从而有效预警基本顶深入煤体是否发生断裂，所以此处重点分析这两个特征区域的反弹压缩量值及影响范围的破断长度效应。

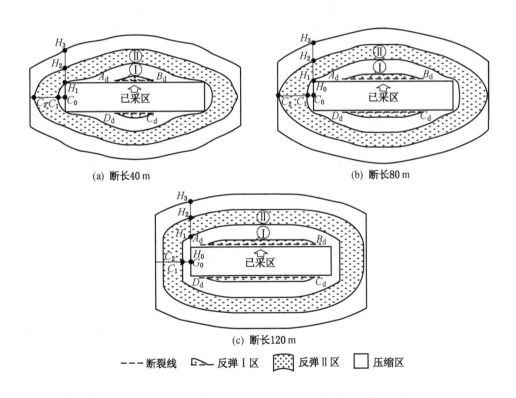

(a) 断长40 m

(b) 断长80 m

(c) 断长120 m

--- 断裂线　　反弹Ⅰ区　　反弹Ⅱ区　　压缩区

图 5-7　破断长度不同时全区域反弹压缩场分区及形态对比图

图 5 – 8 为基本顶深入煤体断裂长度不同时工作面两巷及短边区的反弹 II 区影响范围及反弹量对比曲线图。

根据图 5 – 8a 可知，基本顶断长 80 m 比断长 40 m 的工作面两巷区的反弹范围与反弹极值分别大 7 m 和 3.2 倍左右；而基本顶断长 120 m 比断长 80 m 时工作面两巷区的反弹影响范围及反弹极值分别小 2 m 和 2 倍左右。可见断长增大时，两巷区的反弹 II 区影响范围和最大反弹量均是先增大后减小。

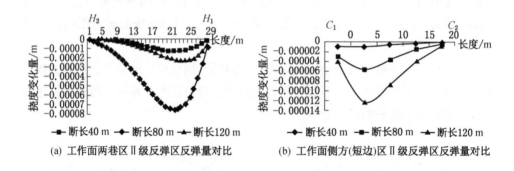

图 5 – 8　破断长度不同时 II 级反弹区的反弹量对比

根据图 5 – 8b 可知，工作面短边反弹 II 区的反弹极值与断裂长度呈正相关，但影响范围（约为 20 m）基本不变（与断裂长度无关）。可见，破断长度不同时，反弹 II 区的反弹值均是先增大后减小，反弹极值均靠近断裂线侧而非反弹区间的中点，但是短边（侧方）及两巷反弹 II 区的影响范围及最大反弹量的变化规律有明显区别。

5.4.4　初次破断反弹压缩场的破断过程效应

图 5 – 9 为基本顶深入煤体分次破断时（破断过程）全区域反弹压缩场的分区及形态特征对比图。

"分次破断"用以说明基本顶的两次明显破断过程。以图 5 – 9a 为例，基本顶深入煤体破断长度达 40 m 后断裂不在明显发展，而后随开采推进，断裂线总长扩展到 80 m，即该项内容研究的是基本顶从断长 40 m 到 80 m 时全区域反弹压缩场变化特征。

根据图 5 – 9 可知，一次破断形成的 I 级反弹区形态特征与分次破断的明显不同：一次破断时，反弹 I 区的最大宽度区在断裂线的中部（即初次断裂的起

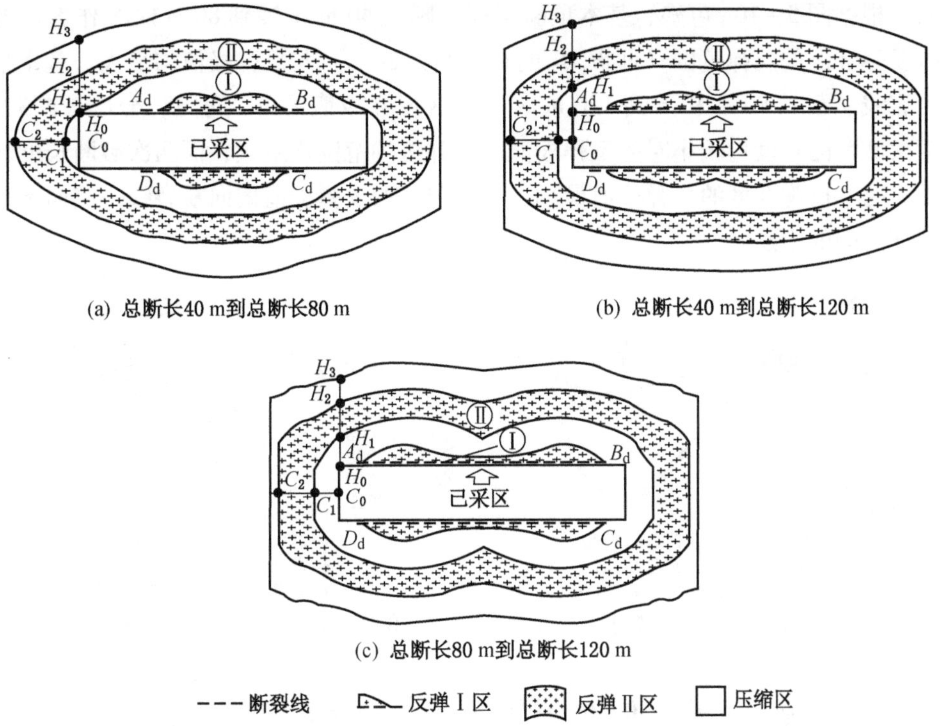

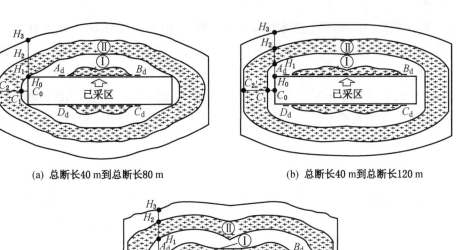

(a) 总断长40 m到总断长80 m (b) 总断长40 m到总断长120 m

(c) 总断长80 m到总断长120 m

- - - 断裂线   反弹Ⅰ区   反弹Ⅱ区   压缩区

图 5-9 分次破断时全区域反弹压缩场分区及形态对比图

始位置）；分次破断时，Ⅰ级反弹区的最大宽度区在第二次破断的起始位置（即第一次断裂线的两个端部区）。断裂线总长度由 40 m 扩展到 80 m（图 5-9a）、断裂线总长度 40 m 扩展到 120 m（图 5-9b）及断裂线总长度 80 m 扩展到 120 m（图 5-9c）时，断裂线中部区的宽度依次减小，而工作面端头的压缩区 H_0H_1 长度增大。图 5-9a 为首次断长与二次断长均较小时的反弹压缩场形态图，主要特征是反弹Ⅰ区为"M"形；图 5-9c 为首次断长与二次断长均较大时的反弹压缩场形态图，主要特征是反弹Ⅱ区为"环 8 字"形。

由于在工作面短边区（邻侧巷道区）及两巷区可方便快捷的布置测站监测反弹压缩信息，从而有效预警基本顶深入煤体是否发生断裂，所以，此处依旧重点分析这两个特征区域的反弹压缩量值及影响范围的破断长度效应。

图 5-10 为分次破断时工作面短边区及两巷区的反弹Ⅱ区影响范围及反弹量

对比图。

根据图 5 - 10a 可知，基本顶断裂线总断长 40 m 扩展到 80 m 时工作面两巷区反弹Ⅱ区的反弹范围（即 H_1H_2 的长度约为 30 m）与反弹极值均最大；基本顶断裂线总断长 80 m 扩展到 120 m 时两巷区反弹极值最小。可见，分次破断时，两次破断的长度均较小时的反弹极值与反弹区的范围均最大；而两次破断长度均较大时，反弹Ⅱ区的反弹极值最小；各反弹区的反弹极值偏向断裂线一侧而不是处在区间的中点。

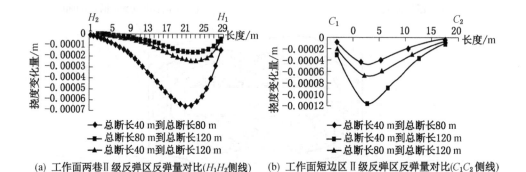

(a) 工作面两巷Ⅱ级反弹区反弹量对比(H_1H_2侧线)　　(b) 工作面短边区Ⅱ级反弹区反弹量对比(C_1C_2侧线)

图 5 - 10　分次破断时Ⅱ级反弹区的反弹量对比

根据图 5 - 10b 可知，工作面短边区的反弹Ⅱ区范围约 20 m，分次破断长度不同时，该范围无变化。分次破断长度的差值较大时反弹Ⅱ区的反弹极值最大；分次破断长度差值相等时，每次破断的长度较大者，反弹Ⅱ区的反弹极值最大。可见，分次破断时，反弹Ⅱ区的反弹值均是先增大后减小，反弹极值均靠近断裂线侧而非反弹区间的中点；但工作面短边区反弹Ⅱ区的影响范围及数值变化规律与两巷区的不同。

5.4.5　初次破断反弹压缩场的破断程度效应

图 5 - 11 为基本顶板结构深入煤体断裂，但断裂程度不同时全区域反弹压缩场的分区及形态特征对比图。根据图 5 - 11 可知，破断程度基本不改变全区域反弹压缩场的分区及形态特征，断裂线两端是压缩区而非反弹区。

图 5 - 12 为基本顶深入煤体断裂程度不同时工作面短边区（邻侧巷道区）及两巷区反弹Ⅱ区的影响范围及反弹量对比图。根据图 5 - 12a 及图 5 - 12b 可知，工作面短边区及两巷区的反弹Ⅱ区反弹极值与基本顶断裂程度均呈正相关，

即破断程度越大，反弹量越大；而反弹影响范围与破断程度无关，各反弹区的反弹极值位置在偏向断裂线侧而非处在区间的中点。

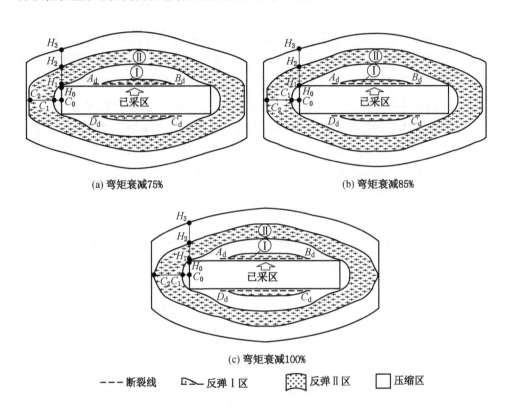

(a) 弯矩衰减75%　　　　　　　　　　　　　　(b) 弯矩衰减85%

(c) 弯矩衰减100%

--- 断裂线　　▱ 反弹Ⅰ区　　▨ 反弹Ⅱ区　　□ 压缩区

图 5-11　破断程度不同时反弹压缩场形态对比图

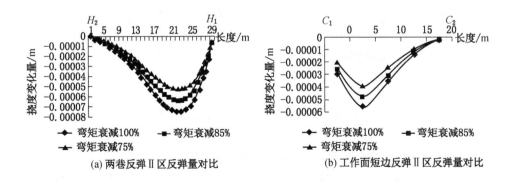

(a) 两巷反弹Ⅱ区反弹量对比　　　　　　(b) 工作面短边反弹Ⅱ区反弹量对比

图 5-12　破断程度不同时反弹Ⅱ区的反弹量变化规律对比

5.4.6 基本顶初次破断与工作面显著来压及反弹压缩场之间的时空关系

图 5-13 表明了基本顶初次破断、反弹压缩信息及工作面显著来压之间的时空关系。

随工作面向前推进，基本顶深入煤体 L_d 位置处的弯矩达极限状态，那么基本顶在 L_d 位置处发生断裂，断裂线前方、两巷及短边区的反弹压缩信息随即出现并可监测。断裂线到煤壁之间是宽度为 L_d 可支撑刚断裂基本顶的煤体，所以此时工作面并未显著来压，基本顶块体暂时保持稳定铰接。工作面向前推进，支承已经断裂基本顶的煤体宽度与支撑能力均不断减小，基本顶回转角度与水平挤压力均增加，基本顶的稳定性不断降低。当工作面推进到断裂线正下方时，断裂的基本顶下方已无煤体支撑而全由支架承担，工作面来压最强烈，此时基本顶最易发生切顶滑落失稳，对工作面安全造成严重威胁。工作面推过断裂线后，进入下一个周期破断阶段。

由以上分析可知，基本顶深入煤体（距离为 L_d）断裂时，在断裂线前方及周边全区域出现反弹压缩现象，此时在两巷及邻侧巷道区可监测到破断时的反弹压缩信息，进而确定基本顶破断时间及位置。断裂时因基本顶下方有宽度为 L_d 的煤体支撑，所以不会显著来压，此时基本顶块体可保持暂时稳定；工作面推进到断裂线正下方时，才会来压强烈，这就为实践中预防工作面出现基本顶大面积切顶灾害事故提供了时间和空间。

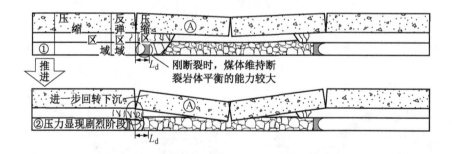

图 5-13 初次破断及反弹压缩信息与工作面显著来压之间时差关系

5.4.7 基本顶初次破断时间及位置的监测原理与方法

根据上文分析，基本顶深入煤体发生初次破断与反弹压缩现象同时出现，对于该关系本文称之为"一同时"；基本顶破断后，工作面向前推进，直至推进到断裂线下方区域时支架压力才会显著增大，即工作面显著来压的时间滞后于基本顶破断，也滞后于反弹压缩信息的出现，对于该关系本文称为"两滞后"；于是可采用"一同时与两滞后"概括基本顶初次破断、反弹压缩及工作面显著来压之间的时空差关系。

由于反弹Ⅱ区贯穿工作面两巷以及短边的邻侧巷道区，即这两个区域布置测站均可监测到反弹信号且是反弹Ⅱ区的信号，对于这两个巷道区本文称之为"两区域"；监测反弹压缩信号可以采用应力变化或者位移变化（本文称为"两指标"）采集仪，如自记式或电子式圆图仪或者高精度位移传感器。采用带圆图压力自记仪的单体液压支柱来捕捉基本顶的反弹压缩信息时，为了提高灵敏度，单体液压支柱的底部与顶部要放刚度较大的物块（如厚度大于 3 cm，长宽大于 20 cm 的铁块），这样可以防止顶底板较软而影响监测的准确性。当然，研发智能化监测预警装备可显著提高预测效率且提高理论应用价值。

可见，上述研究成果可形成预警基本顶大面积初次破断的"一同时与两滞后"原理及"两区域与两指标"监测位置和方法体系。监测反弹压缩信息，可以有效预警基本顶深入煤体发生断裂的时间，且结合理论计算可确定基本顶深入煤体断裂的距离，这对预防工作面出现大面积初次破断切顶灾害事故有重要意义。

5.5 反弹压缩相似模拟实验

5.5.1 实验方案

采用相似模拟实验验证基本顶板结构破断时引起的反弹压缩基本规律，本实验采用尺寸为：高×宽×长为 1.8 m×2 m×3 m 的三维模拟实验台，底卸式开挖，开挖区域的尺寸为长 1.8 m，宽 1 m，几何相似比为 150：1。

模拟的基本顶为细砂岩，相应的材料和配比：细沙、石膏及石灰为 8：6：4，厚度 5 cm；煤层材料和配比：细沙、石膏及石灰为 8：7：3，厚度 2 cm。9 根高灵敏性位移传感器，每排三根，垂直于长边的传感器间距为 14 cm，垂直于短边的传感器间距为 44 cm，由于模型是对称的，所以只布置在模型的一侧。实验平台及位移传感器与记录仪的布置形式如图 5 - 14 所示。

5.5.2 实验结果分析

如图 5 - 15 为基本顶破断时反弹压缩信息监测结果图。工作面长边的基本顶局部破断时，1 号、2 号监测点为压缩点，位置在采空区侧；4 号、5 号及 3 号为

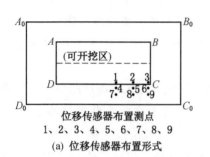

(a) 位移传感器布置形式　　　　　　　(b) 实验仪器

图 5-14　实验仪器图布置图

反弹点，7号、8号及6号监测点为压缩点。4号、5号及3号反弹点连成线为椭环形的四分之一；7号、8号及6号压缩点连成线也为椭环形的四分之一，由对称性可知，全区域的反弹点与压缩点的连线所成区域必定呈椭环形，这与理论分析结果相符，即断裂线前方会出现椭环形Ⅱ反弹区，且反弹区贯穿两巷，这为在两巷监测反弹信号提供了理论依据，且该反弹信号为Ⅱ级反弹信号。

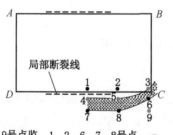

3、4、5、9号点监　　1、2、6、7、8号点　　　　　Ⅱ级反弹区
测到反弹信号　　　　监测到压缩信号

图 5-15　反弹压缩场实验监测结果图

基本顶板结构周期破断与全区域反弹时空关系

对于基本顶破断扰动（反弹压缩）规律的研究，主要是基于岩梁模型，而众所周知，岩梁模型研究的结论只能适用于分析长壁工作面中部区域的相关扰动特性，而无法分析如下关键问题：①基本顶破断时全区域的反弹压缩场特征；②基本顶的破断程度与长度以及破断发展过程中的全区域反弹压缩场的形态变化规律；③各个区域的反弹压缩量的数值分布规律；④无法给出反弹测站布置在可以方便观测的两巷及邻侧巷道区的实质性依据。这些问题，均可以通过建立考虑实体煤区可变形的板结构模型求解获得。

本章建立考虑实体煤区为可变形基础边界的基本顶板结构周期破断力学模型，分析周期破断全区域反弹压缩场时空演化规律及影响因素，对全区域反弹压缩场进行分区并阐述特征分区内的反弹压缩量变化规律，形成在邻侧巷道及两巷区监测周期破断反弹压缩的原理及方法，并特制高精度位移传感器进行实验且结合工程案例分析，指导预防工作面大面积切顶灾害事故等。

6.1 基本顶周期破断实体煤区边界条件

当前对于实体煤区基本顶的边界条件假设主要有两类：如图 6－1a 所示，假设基本顶上覆与下伏岩层为可变形岩层，那么基本顶破断时开采区周围实体煤区的基本顶必会发生力学及挠度变化而产生扰动现象。如图 6－1b 所示，假设实体煤区为固支边界（不可变形边界），这要求基本顶上覆与下伏岩层的刚度为无穷大，但是实际上，上覆与下伏岩层刚度远无法满足该条件；固支边界处挠度必然无变化，且基本顶的起始破断位置必定是长边沿煤壁上表面（实际上是深入煤

103

体上表面），那么将无法研究基本顶破断时的扰动特性。可见边界条件假设十分重要，实体煤区若假设为刚性固支边界，虽然模型计算简单，但是却无法研究破断扰动规律。

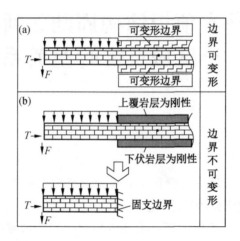

图 6-1　周期破断时实体煤侧边界条件假设类型

6.2　弹性基础边界基本顶板结构破断扰动力学模型建立

6.2.1　力学模型

研究基本顶板结构周期破断时引起的扰动特性（反弹压缩），本质上是研究基本顶板结构周期破断前后在开采全区域的挠度变化规律。

这就要建立如图 6-2 所示的基本顶板结构周期破断阶段的局部破断力学模型，从而可研究破断长度、破断程度及破断发展过程不同时的挠度变化规律。其中，矩形区 $ABCD$ 为基本顶悬顶（悬板）区，设 AD 长度为 b、CD 长度为 $2a$、DD_2 长度为 d_1、A_1B_1 长度为 $2x_0$、O 点到线 A_1B_1 的距离为 y_0、O 点到线 D_1E_1 的垂直距离为 y_1。悬顶区 $ABCD$ 之外的基本顶受到上覆较软岩层与下伏直接顶与煤层的夹支（设此区域的弹性基础系数设为 k）且在无穷远处必定不受开采区 $ABCD$ 的扰动影响，那么在无穷远处，边 A_1B_1、B_1C_1、C_1F_1、D_1E_1 及 A_1D_1 的挠度与截面法向线转角均为零。此时设长边断裂线为 A_dB_d，断裂线深入煤体的距离为 y_d，断裂线的长度为 $2x_d$；短边断裂线为 D_dD_2 与 C_dC_2，断裂线深入煤体距

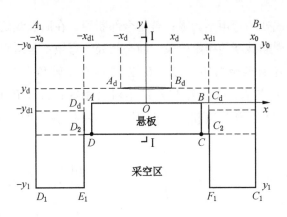

图 6-2 基本顶板结构周期破断扰动力学模型

离为 $(x_{d1} - a)$。若 $x_d = 0$ 及 $y_{d1} = b$ 则表示在长边及短边深入煤体区基本顶均未破断。

6.2.1.1 各区域基本顶板结构方程

要研究破断扰动特性（反弹压缩场），需要给出图 6-2 中开采区域 $ABCD$ 及 $ABCD$ 之外实体煤区的基本顶挠度偏微分方程，且给出断裂线 A_dB_d、D_2D_d 及 C_2C_d 的力学方程及边界条件。

$ABCD$ 开采区的基本顶挠度函数 $\omega_0(x, y)$ 满足的偏微分方程如下：

$$\frac{\partial^4 \omega_0(x,y)}{\partial x^4} + 2\frac{\partial^4 \omega_0(x,y)}{\partial x^2 \partial y^2} + \frac{\partial^4 \omega_0(x,y)}{\partial y^4} = \frac{1}{D}q \qquad (6-1)$$

式中，D 为基本顶刚度；q 为基本顶承担载荷。

开采区域 $ABCD$ 之外（不包括断裂线）基本顶挠度函数 $\omega(x, y)$ 满足的偏微分方程如下：

$$\frac{\partial^4 \omega(x,y)}{\partial x^4} + 2\frac{\partial^4 \omega(x,y)}{\partial x^2 \partial y^2} + \frac{\partial^4 \omega(x,y)}{\partial y^4} = \frac{-k\omega(x,y)}{D} \qquad (6-2)$$

$$D = \frac{Eh^3}{12(1-\mu^2)} \qquad (6-3)$$

式中，E 为基本顶弹性模量，GPa；h 为基本顶厚度，m；μ 为泊松比。

6.2.1.2 基本顶断裂线力学方程

1. 推进方向长边深入煤体（超前煤壁）断裂线方程

基本顶在深入煤体位置发生断裂，设破断线为 A_dB_d（图 6-2a）。若是局部破断，那么断裂线处的弯矩不为零；若是全部断裂，在断裂线处弯矩为零。一般条件下，基本顶周期破断的初始阶段，断裂线处的弯矩不是瞬间为零，此时基本顶在断裂线位置还有残余弯矩。设 A_dB_d 断裂线在 y 轴负向与正处的剩余（残余）弯矩分别为 f_3 与 f_1，显然 f_1 与 f_3 的绝对值相等；设 A_dB_d 断裂线两侧的铰接力为 f_2 与 f_4，两者绝对值相等。断裂线 A_dB_d 处满足的方程如式（6-4）所示。

$$断裂线\ A_dB_d\begin{cases} A_dB_d\ 的\\ y\ 轴正向侧 \end{cases}\begin{cases} -x_d<x<x_d\\ y=y_d^+ \end{cases}\begin{cases} M_y\big|_{y=y_d^+} = -D\left(\dfrac{\partial^2\omega}{\partial y^2}+\mu\dfrac{\partial^2\omega}{\partial x^2}\right)=f_1\\[2mm] F_{Vy}\big|_{y=y_d^+} = -D\left[\dfrac{\partial^3\omega}{\partial y^3}+(2-\mu)\dfrac{\partial^3\omega}{\partial x^2\partial y}\right]=f_2 \end{cases}$$

$$\begin{cases} A_dB_d\ 的\\ y\ 轴负向侧 \end{cases}\begin{cases} -x_d<x<x_d\\ y=y_d^- \end{cases}\begin{cases} M_y\big|_{y=y_d^-} = -D\left(\dfrac{\partial^2\omega}{\partial y^2}+\mu\dfrac{\partial^2\omega}{\partial x^2}\right)=f_3\\[2mm] F_{Vy}\big|_{y=y_d^-} = -D\left[\dfrac{\partial^3\omega}{\partial y^3}+(2-\mu)\dfrac{\partial^3\omega}{\partial x^2\partial y}\right]=f_4 \end{cases}$$

$$(6-4)$$

2. 短边断裂线力学方程

短边区的破断也存在完全与局部破断两种情况，设 D_2D_d 断裂线在 x 轴负向与正向侧的弯矩分别为 f_7 与 f_5，两者绝对值相等；设 D_2D_d 断裂线负向与正向侧的剪力分别为 f_8 与 f_6。由于模型对称，短边右侧断裂线方程与左侧的相同。

$$断裂线\ D_2D_d\begin{cases} D_2D_d\ 的\\ y\ 轴正向侧 \end{cases}\begin{cases} -b<y<-y_{d1}\\ x=-x_{d1}^+ \end{cases}\begin{cases} M_x\big|_{x=-x_{d1}^+} = -D\left(\dfrac{\partial^2\omega}{\partial x^2}+\mu\dfrac{\partial^2\omega}{\partial y^2}\right)=f_5\\[2mm] F_{Vx}\big|_{x=-x_{d1}^+} = -D\left[\dfrac{\partial^3\omega}{\partial y^3}+(2-\mu)\dfrac{\partial^3\omega}{\partial x^2\partial y}\right]=f_6 \end{cases}$$

$$\begin{cases} D_2D_d\ 的\\ y\ 轴负向侧 \end{cases}\begin{cases} -b<y<-y_{d1}\\ x=-x_{d1}^- \end{cases}\begin{cases} M_x\big|_{x=-x_{d1}^-} = -D\left(\dfrac{\partial^2\omega}{\partial x^2}+\mu\dfrac{\partial^2\omega}{\partial y^2}\right)=f_7\\[2mm] F_{Vx}\big|_{x=-x_{d1}^-} = -D\left[\dfrac{\partial^3\omega}{\partial y^3}+(2-\mu)\dfrac{\partial^3\omega}{\partial x^2\partial y}\right]=f_8 \end{cases}$$

$$(6-5)$$

6.2.2 边界条件

6.2.2.1 外边界条件

由于开采扰动范围有限，在开挖外围无穷远或很远位置（或者距离开采区 3~5 倍长边长度处），开采扰动的程度极小，所以必定存在挠度为零且截面法向

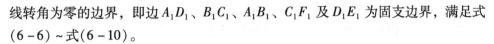

线转角为零的边界，即边 A_1D_1、B_1C_1、A_1B_1、C_1F_1 及 D_1E_1 为固支边界，满足式 $(6-6)\sim$ 式 $(6-10)$。

边 A_1D_1 的边界条件

$$\begin{cases} x = -x_0 \rightarrow -\infty \\ -y_1 \leqslant y \leqslant y_0 \end{cases} \quad \omega = 0, \frac{\partial \omega}{\partial x} = 0 \tag{6-6}$$

边 B_1C_1 的边界条件

$$\begin{cases} x = x_0 \rightarrow +\infty \\ -y_1 \leqslant y \leqslant y_0 \end{cases} \quad \omega = 0, \frac{\partial \omega}{\partial x} = 0 \tag{6-7}$$

边 A_1B_1 的边界条件

$$\begin{cases} y = y_0 \rightarrow +\infty \\ -x_0 \leqslant x \leqslant x_0 \end{cases} \quad \omega = 0, \frac{\partial \omega}{\partial x} = 0 \tag{6-8}$$

边 C_1F_1 的边界条件

$$\begin{cases} y = -y_1 \rightarrow -\infty \\ x_{d1} \leqslant x \leqslant x_0 \end{cases} \quad \omega = 0, \frac{\partial \omega}{\partial x} = 0 \tag{6-9}$$

边 D_1E_1 的边界条件

$$\begin{cases} y = -y_1 \rightarrow -\infty \\ -x_0 \leqslant x \leqslant -x_{d1} \end{cases} \quad \omega = 0, \frac{\partial \omega}{\partial x} = 0 \tag{6-10}$$

6.2.2.2 采空侧边界条件

采空区两侧满足的边界条件如式 （6-11） 与式 （6-12）。

悬顶区后边界 CD 边满足的边界条件为式 （6-13），其中铰接力为 f。若砌体板滑落失稳，则形成自由悬板结构，此条件下铰接力 f 为零。

$$\begin{cases} \begin{cases} x = -a - d_1 \\ -y_1 \leqslant y \leqslant -b \end{cases} \begin{cases} \dfrac{\partial^2 \omega}{\partial x^2} + \mu \dfrac{\partial^2 \omega}{\partial y^2} = 0 \\ \left(\dfrac{\partial^3 \omega}{\partial x^3} + (2-\mu) \dfrac{\partial^3 \omega}{\partial y^2 \partial x} \right) = 0 \end{cases} \\ \begin{cases} x = a + d_1 \\ -y_1 \leqslant y \leqslant -b \end{cases} \begin{cases} \dfrac{\partial^2 \omega}{\partial x^2} + \mu \dfrac{\partial^2 \omega}{\partial y^2} = 0 \\ \left(\dfrac{\partial^3 \omega}{\partial x^3} + (2-\mu) \dfrac{\partial^3 \omega}{\partial y^2 \partial x} \right) = 0 \end{cases} \end{cases} \tag{6-11}$$

$$
\begin{cases}
\begin{cases} y = -b \\ -a - d_1 \leqslant x \leqslant -a \end{cases} &
\begin{cases}
\dfrac{\partial^2 \omega}{\partial y^2} + \mu \dfrac{\partial^2 \omega}{\partial x^2} = 0 \\[2mm]
-D\left(\dfrac{\partial^3 \omega}{\partial y^3} + (2-\mu)\dfrac{\partial^3 \omega}{\partial x^2 \partial y} \right) = 0
\end{cases} \\[12mm]
\begin{cases} y = -b \\ a \leqslant x \leqslant a + d_1 \end{cases} &
\begin{cases}
\dfrac{\partial^2 \omega}{\partial y^2} + \mu \dfrac{\partial^2 \omega}{\partial x^2} = 0 \\[2mm]
-D\left(\dfrac{\partial^3 \omega}{\partial y^3} + (2-\mu)\dfrac{\partial^3 \omega}{\partial x^2 \partial y} \right) = 0
\end{cases}
\end{cases}
\tag{6-12}
$$

$$
\begin{cases} y = -b \\ -a \leqslant x \leqslant a \end{cases}
\begin{cases}
\dfrac{\partial^2 \omega_0}{\partial y^2} + \mu \dfrac{\partial^2 \omega_0}{\partial x^2} = 0 \\[2mm]
-D\left(\dfrac{\partial^3 \omega_0}{\partial y^3} + (2-\mu)\dfrac{\partial^3 \omega_0}{\partial x^2 \partial y} \right) = f
\end{cases}
\tag{6-13}
$$

6.2.2.3　模型连续条件

悬顶区与实体煤区的分界边 AB、AD 及 BC 是连续的，所以均满足挠度、转角、弯矩及剪力连续，如式（6-14）。

$$
\begin{cases}
\begin{cases} y = 0 \\ -a \leqslant x \leqslant a \end{cases} &
\begin{cases}
\omega(x,0) = \omega_0(x,0) \\[2mm]
\dfrac{\partial \omega}{\partial y} = \dfrac{\partial \omega_0}{\partial y} \\[2mm]
\dfrac{\partial^2 \omega}{\partial y^2} + \mu \dfrac{\partial^2 \omega}{\partial x^2} = \dfrac{\partial^2 \omega_0}{\partial y^2} + \mu \dfrac{\partial^2 \omega_0}{\partial x^2} \\[2mm]
\dfrac{\partial}{\partial y}\nabla^2 \omega = \dfrac{\partial}{\partial y}\nabla^2 \omega_0
\end{cases} \\[16mm]
\begin{cases} x = -a \\ -b \leqslant y \leqslant 0 \end{cases} &
\begin{cases}
\omega(-a,y) = \omega_0(-a,y) \\[2mm]
\dfrac{\partial \omega}{\partial x} = \dfrac{\partial \omega_0}{\partial x} \\[2mm]
\dfrac{\partial^2 \omega}{\partial x^2} + \mu \dfrac{\partial^2 \omega_0}{\partial y^2} = \dfrac{\partial^2 \omega}{\partial x^2} + \mu \dfrac{\partial^2 \omega_0}{\partial y^2} \\[2mm]
\dfrac{\partial}{\partial x}\nabla^2 \omega = \dfrac{\partial}{\partial x}\nabla^2 \omega_0
\end{cases} \\[16mm]
\begin{cases} x = a \\ -b \leqslant y \leqslant 0 \end{cases} &
\begin{cases}
\omega(a,y) = \omega_0(a,y) \\[2mm]
\dfrac{\partial \omega}{\partial x} = \dfrac{\partial \omega_0}{\partial x} \\[2mm]
\dfrac{\partial^2 \omega}{\partial x^2} + \mu \dfrac{\partial^2 \omega_0}{\partial y^2} = \dfrac{\partial^2 \omega}{\partial x^2} + \mu \dfrac{\partial^2 \omega_0}{\partial y^2} \\[2mm]
\dfrac{\partial}{\partial x}\nabla^2 \omega = \dfrac{\partial}{\partial x}\nabla^2 \omega_0
\end{cases}
\end{cases}
\tag{6-14}
$$

6.3 基本顶板结构破断扰动模型解算

要研究基本顶板结构破断前后的反弹压缩场（扰动规律），就需要求解方程式（6-1）、式（6-2）在边界条件式（6-4）~式（6-14）条件下的解析解，可见难度极大。即便是 $x_d = 0$，即非破断状态时获得解析解也极为困难。但是，要解决采矿工程问题，精确解并不是必须的。所以，此处采用近似解法，即有限差分方法来计算，下面给出具体解算过程。

6.3.1 开采区与实体煤区差分方程

图 6-3 为差分节点分布以及对应编号，特征节点为 D_0，挠度偏微分方程（6-1）基于图 6-3 节点编号的差分方程为式（6-15），挠度偏微分方程（6-2）基于图 6-3 节点分布的差分方程为式（6-16）。

$$20\omega_{\eta,\xi} - 8(\omega_{\eta+1,\xi} + \omega_{\eta-1,\xi} + \omega_{\eta,\xi+1} + \omega_{\eta,\xi-1}) +$$
$$2(\omega_{\eta+1,\xi+1} + \omega_{\eta+1,\xi-1} + \omega_{\eta-1,\xi+1} + \omega_{\eta-1,\xi-1}) +$$
$$\omega_{\eta+2,\xi} + \omega_{\eta-2,\xi} + \omega_{\eta,\xi+2} + \omega_{\eta,\xi-2} = \frac{qd^4}{D} \tag{6-15}$$

$$\left(20 + d^4 \frac{k}{D}\right)\omega_{\eta,\xi} - 8(\omega_{\eta+1,\xi} + \omega_{\eta-1,\xi} + \omega_{\eta,\xi+1} + \omega_{\eta,\xi-1}) +$$
$$2(\omega_{\eta+1,\xi+1} + \omega_{\eta+1,\xi-1} + \omega_{\eta-1,\xi+1} + \omega_{\eta-1,\xi-1}) +$$
$$\omega_{\eta+2,\xi} + \omega_{\eta-2,\xi} + \omega_{\eta,\xi+2} + \omega_{\eta,\xi-2} = 0 \tag{6-16}$$

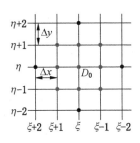

图 6-3 差分法节点编号

6.3.2 外边界条件方程的差分化

$$
\begin{cases}
A_1D_1 \ \text{边} \ x=-x_0 & \begin{cases} \omega_{\eta,\xi}=0 \\ \left(\dfrac{\partial\omega}{\partial x}\right)_{\eta,\xi}=\dfrac{\omega_{\eta-1,\xi}-\omega_{\eta+1,\xi}}{2\Delta x}=0 \end{cases} \\[4ex]
D_1E_1 \ \text{边} \ y=-y_0 & \begin{cases} \omega_{\eta,\xi}=0 \\ \left(\dfrac{\partial\omega}{\partial y}\right)_{\eta,\xi}=\dfrac{\omega_{\eta,\xi-1}-\omega_{\eta,\xi+1}}{2\Delta y}=0 \end{cases} \\[4ex]
B_1C_1 \ \text{边} \ x=x_0 & \begin{cases} \omega_{\eta,\xi}=0 \\ \left(\dfrac{\partial\omega}{\partial x}\right)_{\eta,\xi}=\dfrac{\omega_{\eta-1,\xi}-\omega_{\eta+1,\xi}}{2\Delta x}=0 \end{cases} \\[4ex]
C_1F_1 \ \text{边} \ y=-y_0 & \begin{cases} \omega_{\eta,\xi}=0 \\ \left(\dfrac{\partial\omega}{\partial y}\right)_{\eta,\xi}=\dfrac{\omega_{\eta,\xi-1}-\omega_{\eta,\xi+1}}{2\Delta y}=0 \end{cases} \\[4ex]
A_1B_1 \ \text{边} \ y=y_0 & \begin{cases} \omega_{\eta,\xi}=0 \\ \left(\dfrac{\partial\omega}{\partial y}\right)_{\eta,\xi}=\dfrac{\omega_{\eta,\xi-1}-\omega_{\eta,\xi+1}}{2\Delta y}=0 \end{cases}
\end{cases} \tag{6-17}
$$

外边界方程式（6-6）~式（6-10）对应的差分方程为式（6-17）。

6.3.3 断裂线力学特征方程差分化

设 A_dB_d 断裂线两侧裂纹的间距为 Δy，可知 A_dB_d 断裂线的 y 轴正向与负向侧位置方程分别为 $y=y_c+0.5\Delta y$ 与 $y=y_c-0.5\Delta y$。

$$
A_dB_d \ \text{线}
\begin{cases}
\begin{matrix} -x_d<x<x_d \\ y=y_d+\dfrac{\Delta y}{2} \end{matrix}
\begin{cases}
\left(M_y\big|_{y_d+\frac{\Delta y}{2}}\right)_{\eta,\xi}=-D\left(\dfrac{\partial^2\omega}{\partial x^2}+\mu\dfrac{\partial^2\omega}{\partial y^2}\right)_{\eta,\xi}=-\dfrac{D}{(\Delta y)^2} \\[2ex]
\left[(\omega_{\eta-1,\xi}-2\omega_{\eta,\xi}+\omega_{\eta+1,\xi})+\mu(\omega_{\eta,\xi-1}-2\omega_{\eta,\xi}+\omega_{\eta,\xi+1})\right]=f_1 \\[2ex]
\left(F_{Vy}\big|_{y_d+\frac{\Delta y}{2}}\right)_{\eta,\xi}=-D\left[\dfrac{\partial^3\omega}{\partial y^3}+(2-\mu)\dfrac{\partial^3\omega}{\partial x^2\partial y}\right]_{\eta,\xi}=-\dfrac{D}{2(\Delta y)^3} \\[2ex]
\left[-2\omega_{\eta-1,\xi}+2\omega_{\eta+1,\xi}+\omega_{\eta-2,\xi}-\omega_{\eta+2,\xi}+(2-\mu)(\omega_{\eta-1,\xi-1}-\right. \\[1ex]
\left.\omega_{\eta+1,\xi-1}-\omega_{\eta+1,\xi+1}+\omega_{\eta-1,\xi+1}-2\omega_{\eta-1,\xi}+2\omega_{\eta+1,\xi})\right]=f_2
\end{cases} \\[12ex]
\begin{matrix} -x_d<x<x_d \\ y=y_d-\dfrac{\Delta y}{2} \end{matrix}
\begin{cases}
\left(M_y\big|_{y_d-\frac{\Delta y}{2}}\right)_{\eta,\xi}=-D\left(\dfrac{\partial^2\omega}{\partial x^2}+\mu\dfrac{\partial^2\omega}{\partial y^2}\right)_{\eta,\xi}=-\dfrac{D}{(\Delta y)^2} \\[2ex]
\left[(\omega_{\eta-1,\xi}-2\omega_{\eta,\xi}+\omega_{\eta+1,\xi})+\mu(\omega_{\eta,\xi-1}-2\omega_{\eta,\xi}+\omega_{\eta,\xi+1})\right]=f_3 \\[2ex]
\left(F_{Vy}\big|_{y_d-\frac{\Delta y}{2}}\right)_{\eta,\xi}=-D\left[\dfrac{\partial^3\omega}{\partial y^3}+(2-\mu)\dfrac{\partial^3\omega}{\partial x^2\partial y}\right]_{\eta,\xi}=-\dfrac{D}{2(\Delta y)^3} \\[2ex]
\left[-2\omega_{\eta-1,\xi}+2\omega_{\eta+1,\xi}+\omega_{\eta-2,\xi}-\omega_{\eta+2,\xi}+(2-\mu)(\omega_{\eta-1,\xi-1}-\right. \\[1ex]
\left.\omega_{\eta+1,\xi-1}-\omega_{\eta+1,\xi+1}+\omega_{\eta-1,\xi+1}-2\omega_{\eta-1,\xi}+2\omega_{\eta+1,\xi})\right]=f_4
\end{cases}
\end{cases}
$$

$$\tag{6-18}$$

$$
D_2D_d \text{ 线}
\begin{cases}
\begin{cases}
-b < y < -y_{d1} \\
x = x_{d1} - \dfrac{\Delta x}{2}
\end{cases}
\begin{cases}
(M_x|_{x_{d1}-\frac{\Delta x}{2}})_{\eta,\xi} = -D\left(\dfrac{\partial^2 \omega}{\partial x^2} + \mu \dfrac{\partial^2 \omega}{\partial y^2}\right)_{\eta,\xi} = -\dfrac{D}{(\Delta y)^2} \\
\quad [(\omega_{\eta-1,\xi} - 2\omega_{\eta,\xi} + \omega_{\eta+1,\xi}) + \mu(\omega_{\eta,\xi-1} - 2\omega_{\eta,\xi} + \omega_{\eta,\xi+1})] = f_5 \\
(F_{Vx}|_{x_{d1}-\frac{\Delta x}{2}})_{\eta,\xi} = -D\left[\dfrac{\partial^3 \omega}{\partial y^3} + (2-\mu)\dfrac{\partial^3 \omega}{\partial x^2 \partial y}\right]_{\eta,\xi} = -\dfrac{D}{2(\Delta y)^3} \\
\quad [-2\omega_{\eta-1,\xi} + 2\omega_{\eta+1,\xi} + \omega_{\eta-2,\xi} - \omega_{\eta+2,\xi} + (2-\mu)(\omega_{\eta-1,\xi-1} - \\
\quad \omega_{\eta+1,\xi-1} - \omega_{\eta+1,\xi+1} + \omega_{\eta-1,\xi+1} - 2\omega_{\eta-1,\xi} + 2\omega_{\eta+1,\xi})] = f_6
\end{cases} \\
\begin{cases}
-b < y < -y_{d1} \\
x = x_{d1} + \dfrac{\Delta x}{2}
\end{cases}
\begin{cases}
(M_x|_{x_{d1}+\frac{\Delta x}{2}})_{\eta,\xi} = -D\left(\dfrac{\partial^2 \omega}{\partial x^2} + \mu \dfrac{\partial^2 \omega}{\partial y^2}\right)_{\eta,\xi} = -\dfrac{D}{(\Delta y)^2} \\
\quad [(\omega_{\eta-1,\xi} - 2\omega_{\eta,\xi} + \omega_{\eta+1,\xi}) + \mu(\omega_{\eta,\xi-1} - 2\omega_{\eta,\xi} + \omega_{\eta,\xi+1})] = f_7 \\
(F_{Vx}|_{x_{d1}+\frac{\Delta x}{2}})_{\eta,\xi} = -D\left[\dfrac{\partial^3 \omega}{\partial y^3} + (2-\mu)\dfrac{\partial^3 \omega}{\partial x^2 \partial y}\right]_{\eta,\xi} = -\dfrac{D}{2(\Delta y)^3} \\
\quad [-2\omega_{\eta-1,\xi} + 2\omega_{\eta+1,\xi} + \omega_{\eta-2,\xi} - \omega_{\eta+2,\xi} + (2-\mu)(\omega_{\eta-1,\xi-1} - \\
\quad \omega_{\eta+1,\xi-1} - \omega_{\eta+1,\xi+1} + \omega_{\eta-1,\xi+1} - 2\omega_{\eta-1,\xi} + 2\omega_{\eta+1,\xi})] = f_8
\end{cases}
\end{cases}
$$

$$(6-19)$$

那么，深入煤体的断裂线 A_dB_d 及悬顶区短边断裂线 D_2D_d（或 C_2C_d，同理设断裂线两侧裂纹间距为 Δx），所满足方程的差分方程为式（6-18）及式（6-19）。

6.3.4 采空侧边界方程的差分方程

采空侧两边 D_2E_1 及 C_2F_1 满足方程的差分方程如式（6-20）。悬顶区后边界 CD 边满足方程的差分方程如式（6-21）。

$$
\begin{cases}
\begin{cases}
x = -a - d_1 \\
-y_1 \leqslant y \leqslant -b
\end{cases}
\begin{cases}
-\left(\dfrac{\partial^2 \omega}{\partial x^2} + \mu \dfrac{\partial^2 \omega}{\partial y^2}\right)_{\eta,\xi} = -\dfrac{1}{(\Delta x)^2}[(\omega_{\eta-1,\xi} - 2\omega_{\eta,\xi} + \omega_{\eta+1,\xi}) + \\
\quad \mu(\omega_{\eta,\xi-1} - 2\omega_{\eta,\xi} + \omega_{\eta,\xi+1})] = 0 \\
-D\left[\dfrac{\partial^3 \omega}{\partial x^3} + (2-\mu)\dfrac{\partial^3 \omega}{\partial y^2 \partial x}\right]_{\eta,\xi} = -\dfrac{D}{2(\Delta x)^3} \\
\quad [-2\omega_{\eta-1,\xi} + 2\omega_{\eta+1,\xi} + \omega_{\eta-2,\xi} - \omega_{\eta+2,\xi} + (2-\mu)(\omega_{\eta-1,\xi-1} - \\
\quad \omega_{\eta+1,\xi-1} - \omega_{\eta+1,\xi+1} + \omega_{\eta-1,\xi+1} - 2\omega_{\eta-1,\xi} + 2\omega_{\eta+1,\xi})] = 0
\end{cases}
\end{cases}
$$

$$\begin{cases} y = -b \\ \begin{cases} -a - d_1 \leqslant x \leqslant -a \\ \text{或 } a \leqslant x \leqslant a + d_1 \end{cases} \end{cases}$$

$$\begin{cases} -\left(\dfrac{\partial^2 \omega}{\partial y^2} + \mu \dfrac{\partial^2 \omega}{\partial x^2} \right)_{\eta,\xi} = -\dfrac{1}{(\Delta x)^2} \left[(\omega_{\eta,\xi-1} - 2\omega_{\eta,\xi} + \omega_{\eta,\xi+1}) + \right. \\ \left. \mu(\omega_{\eta-1,\xi} - 2\omega_{\eta,\xi} + \omega_{\eta+1,\xi}) \right] = 0 \\ -D\left[\dfrac{\partial^3 \omega}{\partial y^3} + (2-\mu)\dfrac{\partial^3 \omega}{\partial x^2 \partial y} \right]_{\eta,\xi} = -\dfrac{D}{2(\Delta x)^3} \\ \left[-2\omega_{\eta-1,\xi} + 2\omega_{\eta+1,\xi} + \omega_{\eta-2,\xi} - \omega_{\eta+2,\xi} + (2-\mu)(\omega_{\eta-1,\xi-1} - \right. \\ \left. \omega_{\eta+1,\xi-1} - \omega_{\eta+1,\xi+1} + \omega_{\eta-1,\xi+1} - 2\omega_{\eta-1,\xi} + 2\omega_{\eta+1,\xi}) \right] = 0 \end{cases} \qquad (6-20)$$

$$\begin{cases} x = a + d_1 \\ -y_1 \leqslant y \leqslant -b \end{cases} \begin{cases} -\left(\dfrac{\partial^2 \omega}{\partial x^2} + \mu \dfrac{\partial^2 \omega}{\partial y^2} \right)_{\eta,\xi} = -\dfrac{1}{(\Delta x)^2} \left[(\omega_{\eta-1,\xi} - 2\omega_{\eta,\xi} + \omega_{\eta+1,\xi}) + \right. \\ \left. \mu(\omega_{\eta,\xi-1} - 2\omega_{\eta,\xi} + \omega_{\eta,\xi+1}) \right] = 0 \\ -D\left[\dfrac{\partial^3 \omega}{\partial x^3} + (2-\mu)\dfrac{\partial^3 \omega}{\partial y^2 \partial x} \right]_{\eta,\xi} = -\dfrac{D}{2(\Delta x)^3} \\ \left[-2\omega_{\eta-1,\xi} + 2\omega_{\eta+1,\xi} + \omega_{\eta-2,\xi} - \omega_{\eta+2,\xi} + (2-\mu)(\omega_{\eta-1,\xi-1} - \right. \\ \left. \omega_{\eta+1,\xi-1} - \omega_{\eta+1,\xi+1} + \omega_{\eta-1,\xi+1} - 2\omega_{\eta-1,\xi} + 2\omega_{\eta+1,\xi}) \right] = 0 \end{cases}$$

$$\begin{cases} y = -b \\ -a \leqslant x \leqslant a \end{cases} \begin{cases} -\left(\dfrac{\partial^2 \omega_0}{\partial y^2} + \mu \dfrac{\partial^2 \omega_0}{\partial x^2} \right)_{\eta,\xi} = -\dfrac{1}{(\Delta x)^2} \left[(\omega_{\eta,\xi-1} - 2\omega_{\eta,\xi} + \omega_{\eta,\xi+1}) + \right. \\ \left. \mu(\omega_{\eta-1,\xi} - 2\omega_{\eta,\xi} + \omega_{\eta+1,\xi}) \right] = 0 \\ -D\left[\dfrac{\partial^3 \omega_0}{\partial y^3} + (2-\mu)\dfrac{\partial^3 \omega_0}{\partial x^2 \partial y} \right]_{\eta,\xi} = -\dfrac{D}{2(\Delta x)^3} \left[-2\omega_{\eta-1,\xi} + 2\omega_{\eta+1,\xi} + \right. \\ \omega_{\eta-2,\xi} - \omega_{\eta+2,\xi} + (2-\mu)(\omega_{\eta-1,\xi-1} - \omega_{\eta+1,\xi-1} - \omega_{\eta+1,\xi+1} + \\ \left. \omega_{\eta-1,\xi+1} - 2\omega_{\eta-1,\xi} + 2\omega_{\eta+1,\xi}) \right] = f \end{cases}$$

$$(6-21)$$

6.3.5 断裂准则及断裂位置确定方法与解算过程

根据主弯矩破断准则确定基本顶所受的主弯矩达到弯矩极限 M_s 时的位置，由此确定断裂线长度及破断程度不同条件下的全区域挠度解。式（6-22）为弯矩分量求解公式，可见只需要把各节点的挠度解代入即可，求得的弯矩分量再代入主弯矩公式（6-23），即可得到各区域的主弯矩值。

$$
\begin{cases}
(M_x)_{\eta,\xi} = -D\left(\dfrac{\partial^2 \omega}{\partial x^2} + \mu\dfrac{\partial^2 \omega}{\partial y^2}\right)_{\eta,\xi} = -\dfrac{D}{(\Delta x)^2}\big[\,(\omega_{\eta-1,\xi} - 2\omega_{\eta,\xi} + \omega_{\eta+1,\xi}) - \\
\quad \mu(\omega_{\eta,\xi-1} - 2\omega_{\eta,\xi} + \omega_{\eta,\xi+1})\,\big] \\[2mm]
(M_y)_{\eta,\xi} = -D\left(\dfrac{\partial^2 \omega}{\partial y^2} + \mu\dfrac{\partial^2 \omega}{\partial x^2}\right)_{\eta,\xi} = -\dfrac{D}{(\Delta x)^2}\big[\,(\omega_{\eta,\xi-1} - 2\omega_{\eta,\xi} + \omega_{\eta,\xi+1}) - \\
\quad \mu(\omega_{\eta-1,\xi} - 2\omega_{\eta,\xi} + \omega_{\eta+1,\xi})\,\big] \\[2mm]
(M_{xy})_{\eta,\xi} = -D(1-\mu)\left(\dfrac{\partial^2 \omega}{\partial x \partial y}\right)_{\eta,\xi} = -\dfrac{D(1-\mu)}{4(\Delta x)^2}(\omega_{\eta-1,\xi-1} - \omega_{\eta+1,\xi-1} + \\
\quad \omega_{\eta+1,\xi+1} - \omega_{\eta-1,\xi+1})
\end{cases}
$$

$$(6-22)$$

$$
\begin{cases}
(M_1)_{\eta,\xi} = \dfrac{(M_x)_{\eta,\xi} + (M_y)_{\eta,\xi}}{2} + \sqrt{\left(\dfrac{(M_x)_{\eta,\xi} - (M_y)_{\eta,\xi}}{2}\right)^2 + (M_{xy})_{\eta,\xi}^2} \\[4mm]
(M_3)_{\eta,\xi} = \dfrac{(M_x)_{\eta,\xi} + (M_y)_{\eta,\xi}}{2} - \sqrt{\left(\dfrac{(M_x)_{\eta,\xi} - (M_y)_{\eta,\xi}}{2}\right)^2 + (M_{xy})_{\eta,\xi}^2}
\end{cases}
$$

$$(6-23)$$

可见，对于挠度偏微分方程（6-1）与方程（6-2）经过差分法处理后，转变为多元线性方程，未知数为各个节点的挠度，由于对计算区域内的各个挠度未知节点均可构造这种 13 节点差分方程，那么计算区域 $A_1B_1C_1D_1$ 内的所有挠度未知节点的 13 节点差分方程可构造线性方程组，从而解算简单化。

虽然线性方程组简单易解但数目多，所以需要采用 Matlab 软件实现方便求解。具体求解过程如图 6-4 所示，主要是先求解出 $x_d = 0$ 且 $y_{d1} = b$，即基本顶板结构达到极限破断状态但未破断（图 6-5）时的全区域节点挠度解，再根据主弯矩破断准则确定达到极限弯矩 M_s 时在不同破断程度、不同破断长度及不同破断发展过程条件下的周期破断全区域的挠度解。那么破断前后挠度对比即可获得周期破断全区域的反弹压缩场分布形态及变化规律。

为了说明和分析基本顶周期破断时全区域反弹压缩场的形态及分区特征，下面给出具体分析参数。弹性基础系数为 0.8 GN/m³，基本顶的厚度、弹模及泊松比分别为 7.5 m、31 GPa 及 0.2，工作面长度（AB）为 140 m，q 为 0.32 MPa，周期来压步距 19 m。工作面推进方向的长边断裂线 A_dB_d 深入煤体的距离为 3 m，岩板破断后自由铰接。根据所给条件可得如图 6-5 所示的破断前基本顶主弯矩分布云图，由图 6-5 可知，基本顶超前煤壁中部最小主弯矩的发展迹线基本一

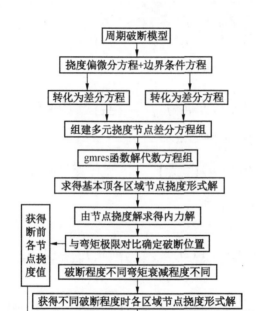

图 6-4 基本顶薄板周期破断扰动模型的解算过程

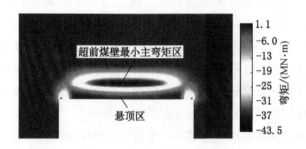

图 6-5 基本顶主弯矩分布云图

条直线，破断起始位置为超前煤壁中点上表面。再通过上述计算方法分析基本顶
周期破断阶段全区域的反弹压缩场。

6.4 弹性基础边界基本顶板结构破断扰动规律分析

6.4.1 基本顶板结构破断扰动分区及量化特征

6.4.1.1 周期破断反弹压缩场的全区域分布特征

如图 6-6 为上述方法计算并绘制得到的基本顶板结构超前煤壁周期破断时（断裂线 A_dB_d 长度为 60 m）全区域反弹压缩场的形态特征及分区图。

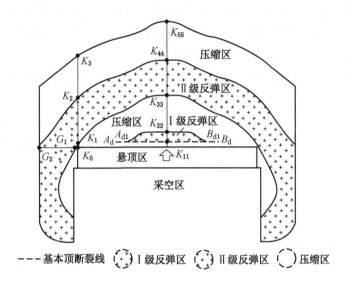

图 6-6　基本顶周期破断反弹压缩场分布特征

由图 6-6 可知，基本顶深入煤体断裂时，在断裂线前方（工作面推进方向）会产生近似半椭圆的反弹区，本文命名为"Ⅰ级反弹区"；Ⅰ级反弹区前侧为"C形"压缩区；压缩区的前侧为反弹区，本文命名为"Ⅱ级反弹区"。Ⅱ级反弹区为"C形"且包围了已采"悬顶区"，所以基本顶深入煤体断裂时，不仅在两巷可监测到Ⅱ级反弹信息，在工作面邻侧巷道也可以监测到该信息。Ⅱ级反弹区及前方邻侧压缩区均为 C 形，且 C 形反弹区及压缩区内外边界线的垂直间距基本相等。而短边裂隙贯通处于周期破断的最后阶段，对整个采场矿压影响小且破断预警时间滞后，同时，短边破断时全区域并未出现规律性的反弹压缩场，所以研究并监测短边区的反弹压缩意义不大。只有长边超前煤壁破断后才有可能出现大面积切顶等来压灾害，所以本文主要研究长边超前煤壁破断时的反弹压缩

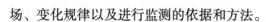

场、变化规律以及进行监测的依据和方法。

6.4.1.2　特征区域的反弹压缩场量化分析

　　结合图 6-6 的反弹压缩形态特征及分区，下面分析特征区域的反弹压缩量值分布规律。

　　1. 断裂线前方位置反弹压缩量曲线

　　图 6-7a 为断裂线前侧（推进方向侧）反弹压缩量值规律图。根据图 6-7a 可知，断裂线上具有反弹点的范围为线 $A_{d1}B_{d1}$，而 $A_{d1}B_{d1}$ 的长度小于 A_dB_d；断裂线的中部位置产生的反弹量最大，两侧逐渐减小，端部为压缩区而非反弹区。

　　2. 断裂线中部前方反弹压缩量曲线

　　提取图 6-6 中的工作面长边中线 $K_{11}K_{44}$ 上的挠度变化量值，并绘制如图 6-7b 所示的反弹压缩曲线图。

　　根据图 6-6 及图 6-7b 可知，断裂线中部前方区域依次出现 $K_{11}K_{22}$ 反弹区（Ⅰ级反弹区，范围约 9 m）、$K_{22}K_{33}$ 压缩区（范围约 24 m）、$K_{33}K_{44}$ 反弹区（Ⅱ级

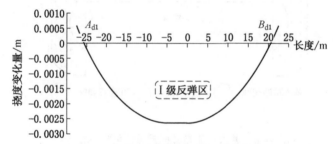

(a) 断裂线区反弹压缩量曲线

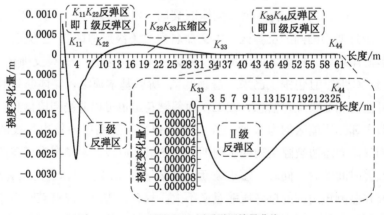

(b) $K_{11}K_{44}$ 区反弹压缩量曲线

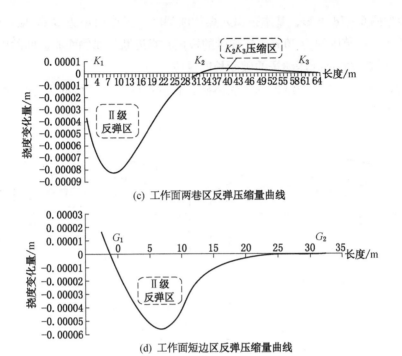

图6-7 基本顶板结构周期破断反弹压缩场定量化分析

反弹区，范围约25 m）及$K_{44}K_{55}$压缩区（范围约27 m）；反弹及压缩区的极值在靠近断裂线侧而非各个区间的中点，且反弹压缩的极值随远离断裂线而降低显著。

3. 工作面两巷反弹压缩量曲线

提取图6-6中两巷区K_1K_3线上的挠度变化量值，并绘制如图6-7c所示的反弹压缩曲线图。

根据图6-7c可知，基本顶深入煤体断裂时，在两巷区从工作面煤壁侧开始依次出现Ⅱ级反弹区K_1K_2（范围约为32 m），压缩区K_2K_3（范围约33 m），反弹及压缩区的极值在靠近断裂线侧而非在各个区间的中点，且反弹压缩的极值随远离断裂线而降低显著。

4. 短边区反弹压缩量曲线

提取出图6-6中工作面短边区G_1G_2线（垂直于工作面短边的线）上的挠度变化值，并绘制出图6-7d所示的反弹压缩量曲线图。

根据图 6-7d 可知，基本顶深入煤体断裂时，工作面短边 G_1G_2 反弹区（Ⅱ级反弹区）的范围约为 30 m，反弹区的极值在靠近断裂线侧而非区间的中点。

6.4.2 周期破断反弹压缩场的破断长度效应

图 6-8 为基本顶板结构深入煤体破断长度不同时全区域的反弹压缩场分布形态对比图。

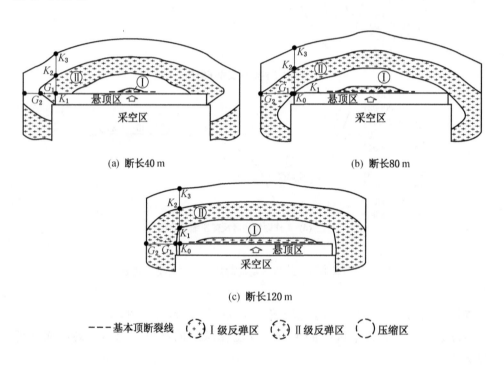

(a) 断长 40 m   (b) 断长 80 m

(c) 断长 120 m

--- 基本顶断裂线   (+) Ⅰ级反弹区   (+) Ⅱ级反弹区   (·) 压缩区

图 6-8 破断长度不同时全区域反弹压缩场形态对比图

根据图 6-8 可知，破断长度不同时，断裂线外围均是依次产生"Ⅰ级半椭圆反弹区""C 形压缩区""Ⅱ级 C 形反弹区""C 形压缩区"。断裂线长度较大时，断裂线中部反弹范围基本相等，断裂线端部反弹区的范围逐渐减小，断裂线端部不是反弹区而是压缩区。如图 6-8b 及图 6-8c 所示，断裂长度较大时，在两巷位置从工作面端头出现压缩区 K_0K_1，且断裂的长度与压缩区范围呈正相关变化。

由于在工作面短边及两巷区可方便快捷的布置测站监测反弹压缩信息，从而有效预警基本顶深入煤体是否发生断裂，所以，此处重点分析这两个特征区域的反弹压缩量值及影响范围的破断长度效应。

图 6 - 9 为基本顶深入煤体破断长度不同时，短边及两巷区反弹量曲线对比图。根据图 6 - 9a 可知，断裂长度 80 m 比断裂长度 40 m 时工作面两巷区的反弹范围与反弹极值分别大 6 m 与 1.5 倍左右；而断裂长度 120 m 比断裂长度 80 m 时工作面两巷区的反弹范围与反弹极值分别小 5 m 与 2 倍左右。可见，断裂长度由小增大时，工作面两巷区的 II 级反弹区最大反弹量与影响范围均是先增大后减小。根据图 6 - 9b 可知，工作面短边区的 II 级反弹区的影响范围（约为 30 m）基本不随破断长度改变，而最大反弹量随破断长度的增大而增大。可见破断长度增大时，工作面短边及两巷区的 II 级反弹区的反弹极值与反弹范围的变化规律有明显区别：两巷 II 级反弹区的最大反弹量与影响范围均为先增大后减小，而短边区的 II 级反弹区反弹量增大但影响范围不变。

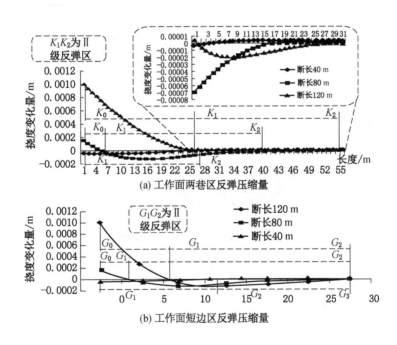

图 6 - 9　破断长度不同时反弹压缩量对比

6.4.3　周期破断反弹压缩场的破断过程效应

图 6 - 10 为基本顶板结构深入煤体分次破断时反弹压缩场分布形态对比图。"分次破断"本质表达了基本顶深入煤体的两次明显破断过程。

以图 6 – 10a 为例，基本顶深入煤体破断时，首次断裂长度为 40 m，随开采向前推进，总断长拓展到了 80 m。这项内容主要研究的是，断裂线长度从 40 m 到 80 m 时的反弹压缩场形态特征变化规律。

根据图 6 – 10 可知，一次破断形成的 I 级反弹区形态特征与分次破断的明显不同：一次破断时，I 级反弹区的最大宽度区在断裂线的中部（即初次断裂的起始位置）；分次破断时，I 级反弹区的最大宽度区在第二次破断的起始位置（即首次破断形成的断裂线的两端部区）。断裂线总长度 40 m 到 80 m、断裂线总长度 40 m 到 120 m 及断裂线总长度 80 m 到 120 m 时，断裂线中部区的宽度依次减小，而工作面端头的压缩区 K_0K_1 长度增大。

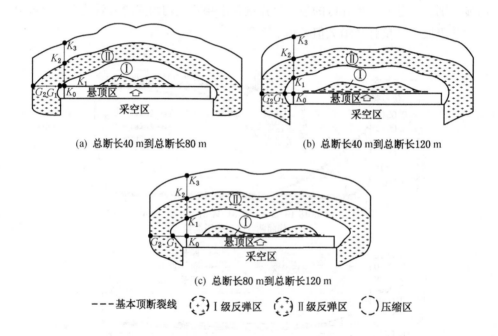

图 6 – 10　分次破断长度不同时反弹压缩场形态对比图

图 6 – 10a 为基本顶首次断裂线长较小，二次断裂线长度也较小时的反弹压缩场形态图，可见，断裂线外围依次是 " I 级 M 形反弹区""C 形压缩区"及 " II 级 C 形反弹区"。

图 6 – 10c 为基本顶首次断裂线长较大，二次断裂线长度也较大时的反弹压缩场形态图，可见，断裂线外围依次是 " I 级 M 形反弹区""M 形压缩区"及

"Ⅱ级 M 形反弹区"。

由于在工作面短边及两巷区可方便快捷的布置测站监测反弹压缩信息，从而有效预警基本顶深入煤体是否发生断裂。所以，此处依然重点分析这两个特征区域的反弹压缩量值及影响范围的分次破断效应。

图 6-11 为基本顶深入煤体分次断裂长度不同时工作面的两巷及短边区的反弹压缩量及影响范围对比图。

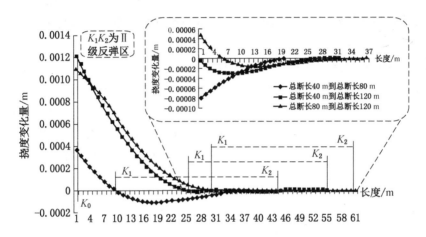

(a) 分次破断时工作面两巷区反弹压缩量对比

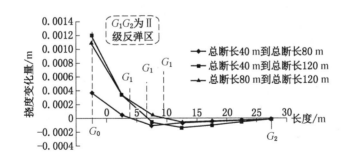

(b) 分次破断时工作面短边区反弹压缩量对比

图 6-11　分次破断长度不同时反弹压缩量对比

根据图 6-11a 可知，断裂线总长度从 40 m 到 80 m 时，工作面两巷区 Ⅱ 级反弹区的反弹极值最大，反弹范围（图中 K_1K_2 的长度）也最大；断裂线总长度

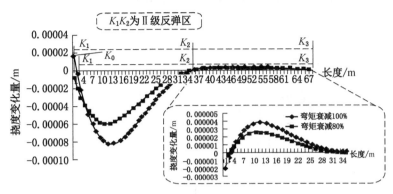

(a) 工作面两巷区反弹压缩量对比

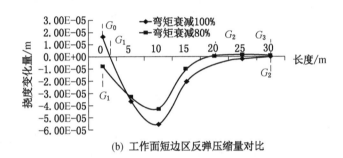

(b) 工作面短边区反弹压缩量对比

图 6 – 13　破断程度不同时反弹压缩量对比

各个区间的中点，且反弹压缩的极值随远离断裂线而降低显著。根据图 6 – 13b 可知，工作面短边区域的Ⅱ级反弹区范围不随破断程度而改变，但反弹及压缩极值随破断程度增大而增大。

可见，基本顶周期破断阶段，破断程度越大，反弹量越大，但工作面短边及两巷区的Ⅱ级反弹区影响范围均不随破断程度而发生改变。

6.4.5　周期破断及显著来压与反弹压缩场之间的时空关系

如图 6 – 14 表明了基本顶破断、反弹压缩信息及工作面显著来压之间的时空关系。

图 6 – 14 中的①展示了基本顶深入煤体处的弯矩达极限状态。

图 6 – 14 中的②展示了基本顶在深入煤体的最大弯矩处发生断裂，断裂线前方、两巷及短边区的反弹压缩信息随即出现并可监测。断裂线到煤壁之间是宽度

为 y_d 可支承刚断裂基本顶的煤体，所以此时工作面并未显著来压，基本顶暂时保持稳定铰接。

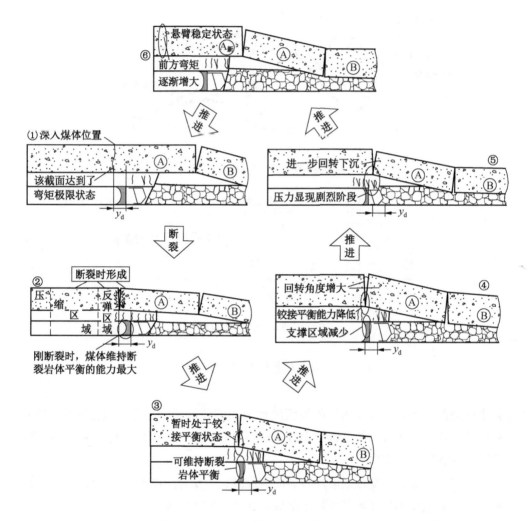

图 6-14　基本顶周期破断与反弹压缩及显著来压的时间与距离关系

图 6-14 中的③展示了工作面向前推进，支承已经断裂基本顶的煤体宽度与支撑能力均不断减小，基本顶回转角度与水平挤压力均增加，基本顶的稳定性不断降低。

图 6-14 中的④展示了工作面推进到断裂线区域，支承基本顶的煤体宽度与

垂直方向的支承力锐减，基本顶进一步发生回转下沉，上覆岩层不稳定性显著增加，工作面来压的程度也明显增大。

图 6 − 14 中的⑤展示了当工作面推进到断裂线正下方时，断裂的基本顶下方已经无煤体支承，工作面来压最强烈，此时基本顶最易发生切顶滑落失稳，对工作面安全造成严重威胁。

图 6 − 14 中的⑥展示了工作面推过断裂线后，进入下一循环周期破断。

由以上分析可知，基本顶深入煤体（距离为 y_d）断裂时，在断裂线前方及周边全区域出现反弹压缩现象，断裂时因基本顶下方有宽度为 y_d 的煤体支承，所以不会显著来压，此时基本顶可保持暂时稳定；工作面推进到断裂线正下方时，才会来压强烈。

可见，反弹压缩现象与基本顶周期断裂同时出现，本文称为"1 同时"。而工作面推进到断裂线下方时压力才会明显增大，即工作面显著来压不仅滞后于基本顶断裂，而且滞后于反弹压缩，本文称为"2 滞后"。那么，可采用"1 同时、2 滞后"概括基本顶周期破断、反弹压缩与工作面显著来压之间的时空关系。

6.4.6 周期破断反弹压缩信息的监测原理、区域、指标与方法体系

1. "Ⅱ级反弹区"的本质属性特征

明晰"Ⅱ级反弹区"的本质属性特征，对于提出基本顶板结构周期断裂扩展进程中反弹压缩信息的监测原理、区域、指标与方法体系至关重要。那么结合图 6、8、10 及 12 可以总结出"Ⅱ级反弹区"的本质属性特征为：①C 形区的包围性（整体形态特征为 C 形）；②数值的大小性（反弹区中部反弹量大而两侧数值小）；③宽度范围的稳定性（反弹区两条包围线各处的垂直距离接近相等）；④Ⅰ级与Ⅱ级反弹区的区隔性（Ⅰ级反弹区到Ⅱ级反弹区的边界线的距离处处接近相等）；⑤贯穿两巷及实际可监测性（Ⅱ级反弹区延伸并贯穿两巷及邻侧巷道区）。

2. 监测基本原理："1 同时、2 滞后"

基本顶深入煤体断裂时，在开采全区域出现反弹压缩信息，而工作面显著来压的时间不仅滞后于反弹压缩而且滞后于基本顶断裂，即"1 同时、2 滞后"。那么捕捉反弹压缩信息即可预警基本顶深入煤体断裂，工作面推进到断裂线下方时才会出现明显来压。即从基本顶断裂到工作面显著来压，有一定时间和距离间隔，这就为预防工作面出现大面积切顶或回转失稳灾害（"2 控制"）提供了时间。

3. 监测反弹压缩信息的测站位置选择依据："Ⅱ级反弹区"穿过两巷及邻侧巷道区

由于基本顶深入煤体断裂时，在断裂线前方随即出现Ⅰ级反弹区，该区处在工作面中部且在深入煤体区，所以生产过程中难以在该区布置监测站。Ⅰ级反弹区前方为压缩区与"C"形Ⅱ级反弹区，均贯穿两巷且拓展到工作面短边实体煤区，所以在两巷与短边区（下一区段巷道或者一个工作面多巷布置时的邻侧巷道）可以监测到Ⅱ级反弹信息，这两个区域是测量反弹压缩信息的关键位置，本文称为"2区域"。

4. 指标与方法

监测反弹压缩信息的方法主要有位移及应力指标法。其中应力指标监测法可以采用圆形压力自记仪或者圆形压力电子仪，而位移指标法可以采用高精度位移传感器来监测（本文相似模拟实验中所采用的位移传感器的精确度为0.01 mm）。采用带圆图压力自记仪的单体液压支柱来捕捉基本顶的反弹压缩信息时，为了提高灵敏度，单体液压支柱的底部与顶部要放刚度较大的物块（如厚度大于3 cm，长宽大于20 cm的铁块），这样可以防止顶底板较软而影响监测的准确性。当然，研发智能化监测预警装备可显著提高预测效率且提高理论应用价值。

监测反弹压缩信息，可以有效预警基本顶深入煤体发生断裂的时间，且结合理论计算可确定基本顶深入煤体断裂的距离，这对预防工作面出现大面积切顶灾害事故意义显著。该研究还可指导确定工作面停采线的位置，准则是停采时，要避免支架处于断裂线的正下方或者附近，否则工作面极易出现大面积切顶压架事故。如果初始设计的停采线与断裂线重合，可提前通过支架调斜开采等方法避免出现工作面内的所有支架均处在断裂线下方而面临上覆岩层大面积切顶灾害的威胁。

6.5 相似模拟实验

6.5.1 试验方案

本实验采用高×宽×长为1.8 m×2 m×3 m的三维模拟实验台。底卸式开挖，开挖区域的尺寸为长1.8 m，宽1 m，几何相似比为150 : 1。该实验平台的平面示意图如图6-15所示，其中矩形$A_2B_2C_2D_2$为试验平台的外边界，矩形$A_1B_1C_1D_1$为底卸式可开挖区域。

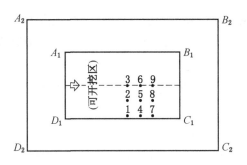

图 6-15　位移传感器布置形式

　　模拟的基本顶为中砂岩，材料及配比为细沙：石膏：石灰 = 7：4：6，厚度 5 cm。煤层材料及配比为细沙：石膏：石灰 = 8：7：3，厚度 2 cm。9 根位移传感器，每排三根，布置形式如图 6-15 所示，垂直于工作面长边的传感器间距为 14 cm，垂直于工作面短边的传感器间距为 24 cm，由于模型是对称的，所以只布置在模型的一侧。实验平台及位移传感器与记录仪的布置形式如图 6-16 所示。

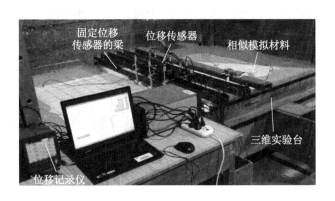

图 6-16　实验平台及实验仪器总体布置图

6.5.2　实验结果分析

　　基本顶长边出现局部周期断裂线时，高精度位移传感器随即监测到反弹压缩信息，此时局部断裂线以及各个位移传感器的位置和监测到的结果如图 6-17

所示。

结合本文的理论研究成果进一步分析图 6-17 监测到的结果，可得到如下基本结论：①基本顶周期破断阶段，超前煤壁长边出现局部断裂线时，位移传感器随即监测到反弹压缩信号，这证明了断裂与反弹压缩信息同时出现；②1 号、5 号和 6 号位移传感器监测到反弹信息，这三点的连线是半"C"形，由于对称性，可知反弹点的连线必定是"C"形，该形态特征与理论分析结果（图 6-6 所示的反弹压缩的基本形态特征）一致；③4 号、5 号和 9 号位移传感器监测到压缩信息，这三点的连线也是半"C"形，由于对称性，可知压缩点的连线必定是"C"形，该形态特征与理论分析结果（图 6-6 所示的反弹压缩的基本形态特征）一致；④反弹点的连线与压缩点的连线组成的区域为"C"形，该区域就是本文理论分析中提出的"Ⅱ级反弹区"。

工作面继续推进，出现下一个周期断裂时，依旧可以得到图 6-17 所示的基本结果，可见理论分析结论和相似模拟实验得到的结果是匹配的。

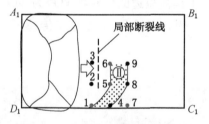

1、5、6、7号点　　2、3、4、8、9号点　　⊙Ⅱ级反弹区
监测到反弹信号　　监测到压缩信号

图 6-17　反弹压缩监测结果示意图

7

弹塑性基础边界基本顶板结构
模型应用分析

弹塑性基础边界基本顶板结构模型在悬板大结构稳定性分析、顶板灾害预警、沿空煤巷合理煤柱宽度确定、沿空煤巷覆岩稳定性计算、遗留煤柱覆岩位态判定、大面积悬顶合理预裂位置选择以及多层采空区覆岩联动分析等多方面均具有重要应用价值。

7.1 采场梯形板稳定性应用分析

根据可变形基础边界基本顶板结构模型的破断位置及破断形态特征，可知工作面中部区域破断的基本顶岩板近似为梯形板块，且首采面为对称梯形板，而侧方采空面为非对称梯形板，具体的形态尺寸可以通过上述章节的力学模型求得，由此建立板式梯形砌体结构稳定性模型（如图 7-1 与图 7-2 所示）。在工作面推进方向，梯形板块 B 的前方为岩板 A（煤壁支撑区上方未破断基本顶）、C 岩板为梯形板块 B 后方逐渐压实区上方基本顶。岩板 A 与梯形板 B 的交线为超前煤壁区的基本顶断裂线，在垂直工作面推进方向（即工作面两侧），也分布有相似的三类岩板。

如图 7-1 与图 7-2 所示，对称或者非对称梯形砌体板 B 的稳定性是整个砌体结构稳定性的核心，且是防止工作面出现大面积切顶灾害的关键，所以需要分析梯形板 B 的稳定性，而要分析梯形板的稳定性需要通过本章的力学模型得到具体的尺寸及形态参数，得到梯形板具体的尺寸及形态参数后，后续构建的稳定性力学模型的计算就相对简单多了，本章只做简要分析。

随工作面推进，前方煤体支撑范围减小，煤体对岩板的支撑力降低，B 岩板

图7-1 采场中部基本顶梯形板块B模型（对称型-首采面）

图7-2 采场中部基本顶梯形板块B模型（非对称型-邻侧采空）

回转角度增大。当工作面推进至断裂线时，煤体支撑阻力为零，此时达到来压峰值阶段；工作面继续推过断裂线，B岩板失稳。这一阶段B岩板的受力变化如图7-3所示。梯形B岩板的失稳分为滑落失稳及回转失稳两种，需要分别讨论两种失稳形式的力学条件。梯形砌体板B与周围岩板之间有两种铰接形式，如图7-4a与图7-4b所示。

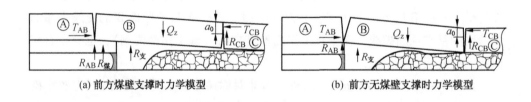

(a) 前方煤壁支撑时力学模型　　　　(b) 前方无煤壁支撑时力学模型

图7-3 基本顶深入煤体断裂受力变化过程

当工作面推进到断裂线正下方时，岩板B在工作面区域没有煤体支撑，所以此时梯形砌体板结构最易发生滑落失稳。当岩板B与周围岩板铰接形式如

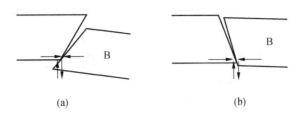

图 7-4 梯形板 B 与周围岩板的两种铰接形式

图 7-4 所示时，要实现梯形砌体板结构的稳定需要满足的条件为梯形板 B 与前方和侧方岩板之间的剪力（摩擦力）与支架的工作阻力之和不小于梯形板 B 及上覆较软岩层载荷之和。

7.2 反弹压缩场应用分析

7.2.1 初次破断反弹压缩场应用分析

一矿井的 11 号煤层（3.3 m 厚、平均倾角 3°）8707 工作面，测站布置在运输平巷与轨道平巷，工作面走向长为 1502 m，倾斜长为 159 m，埋深 300~330 m。基本顶为中粒砂岩。

本章力学模型计算得到基本顶深入煤体 5~6 m 时发生断裂。在工作面的运输巷布置测量仪器，测站间距为 3 m，图 7-5 为监测方法、测站布置及观测结果图。当工作面推进到如图 7-5 所示的 38 m 处时（此时 1 号测站距离工作面煤壁约为 2 m），1 号与 2 号测站监测到压缩信息（采用圆图压力自记仪，由于记录简单明了，所以这里主要区分是反弹还是压缩即可），3 号、4 号与 5 号测站监测到反弹信息，说明基本顶深入煤体发生断裂，结合理论分析确定破断线深入煤体约 5~6 m，当工作面推进到该位置时，支架压力显著增大，部分支架的安全阀开启，此阶段需加强支架控制。当工作面推过 3 号测站后，支架压力又恢复到正常值，这不仅表明工作面支架推过了断裂线，也说明了基本顶深入煤体约 5~6 m 时发生破断。

在轨道巷布置测站，也可以监测到反弹信息且与运输巷反弹信息出现的时间一致。3 号、4 号及 5 号反弹点与 b 号、c 号及 d 号反弹点连成弧形区，即上文所述的"椭环形 II 级反弹区"的两侧端部位置，由对称性可知，图中的 II 级反

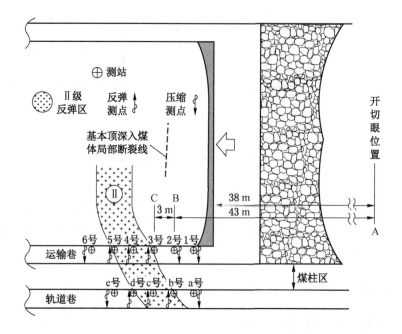

图 7-5　初次破断反弹压缩信息实测图

弹区整体形态必定是完整椭环形，这也证明了本书理论分析的合理性。

可见，在两巷及邻侧巷道区监测Ⅱ级反弹信息可以预警基本顶深入煤体断裂并为提前采取预防措施提供时间和空间。

7.2.2　周期破断反弹压缩场应用分析

在周期破断阶段，本章力学模型计算得到基本顶深入煤体约 5 m 发生断裂。工作面推进到如图 7-6 位置时，1 号、2 号与 5 号测站（采用圆图压力自记仪，由于记录简单明了，所以这里主要区分是反弹还是压缩即可）监测到压缩信息，3 号与 4 号测站监测到反弹信息，说明基本顶深入煤体约 5 m 时发生断裂，此时开始加强支架控制和工作面的安全管理，确保顺利通过基本顶周期破断的断裂线区域。当工作面推进到该位置时，支架压力显著增大，部分支架的安全阀开启，这说明采用反弹压缩信息可以有效预警基本顶深入煤体断裂并为提前采取预防措施提供时间和空间。

在轨道巷布置测站，也可以监测到反弹信息且与运输巷反弹信息出现的时间一致。3 号及 4 号反弹点与 c 号及 a 号反弹点连成弧形区，即上文所述的"C"

形"Ⅱ级反弹区"的两侧端部位置，由对称性可知，图中的Ⅱ级反弹区整体形态必定是完整"C"形，这也证明了本书理论分析的合理性。

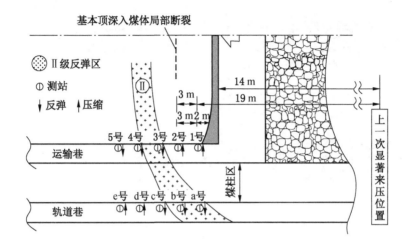

图7-6 周期破断反弹压缩监测信息图（两巷）

可见，在两巷及邻侧巷道区监测Ⅱ级反弹信息可以预警基本顶深入煤体断裂并为提前采取预防措施提供时间和空间。

7.3 侧方采空条件下采场大面积悬顶合理切顶位置分析

7.3.1 实体煤巷侧切顶方式分析

如图7-7所示，对于实体煤侧的顺槽，两侧均为实体煤，预裂切顶的方式主要分为3种：①向本工作面侧倾斜布置钻孔预裂切顶，即"/"形；②竖直方向布置预裂钻孔，即"丨"形；③向邻侧待采工作面侧倾斜布置预裂钻孔，即"\"形。

根据弹塑性基础板模型，基本顶主弯矩绝对值最大的位置处于邻侧待采区工作面侧，所以，从实体煤区易断裂位置角度，"\"形切顶方案更有利。从预裂切顶后断裂块体的稳定性角度，"\"形切顶方案，断裂块体更容易实现稳定铰接，不易出现回转和滑落失稳。

7.3.2 沿空煤巷侧切顶方式分析

在图7-7的基础上，侧方采空条件下，通过弹塑性基础板结构模型所得结

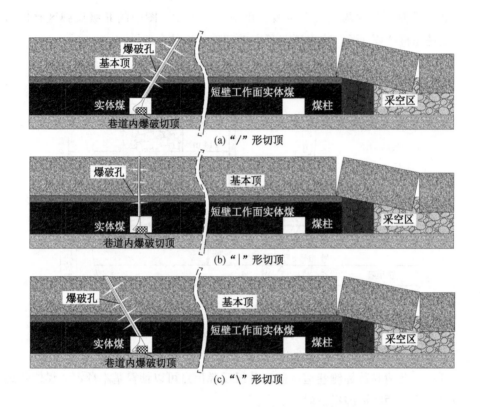

图7-7 周期破断反弹压缩监测信息图（两巷）

论可知，采空区侧基本顶的断裂线主要有三类位置，分别是煤柱上覆、巷道上覆、沿空巷道的实体煤侧上覆，针对三种类型具有不同的切顶预裂方案，如图7-8所示。

（1）对于断裂线在煤柱上覆，分为两种情况：①煤柱宽度较大，断裂线距离巷道较远，此时煤柱区上覆的基本顶依然有较大负弯矩，即煤柱上覆基本顶上表面受较大拉应力（也说明了基本顶受到煤柱及上覆岩层的强烈约束），此时需要进行煤柱区上覆基本顶的预裂；②煤柱宽度较小，此时煤柱区上覆基本顶受到弯矩很小，不需要预裂切顶，即煤柱区基本顶受到的约束较小，自身容易向采空区回转，不产生大面积悬顶。

（2）对于断裂线在沿空巷道上覆的情况，不需要进行切顶预裂。

（3）对于断裂线在沿空巷道实体煤侧上覆的情况，不需要进行切顶预裂，因为此时顶板已经很不稳定，再次预裂会显著增大顶板不稳定性。

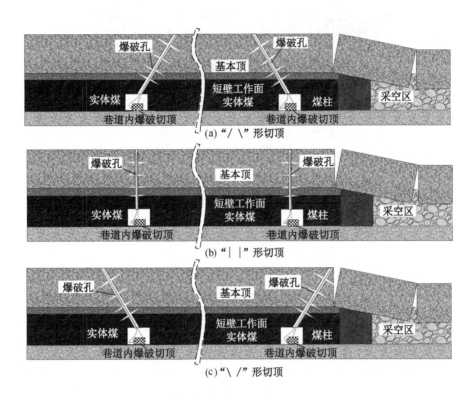

图 7-8　不同切顶位置类型

7.4　煤柱基本顶断裂线位置应用分析

现从一个方面（煤柱区基本顶断裂位置角度）列举实例进行应用分析。

如图 7-9 所示，两层近水平煤层的平均间距约为 20 m，2 号煤层平均厚度2.1 m，抗压强度 14 MPa，埋深 440～460 m，基本顶为细砂岩均厚度 7.4 m，抗压强度 82 MPa，2 号煤层的 12106 工作面与 12108 工作面已经采空稳定，区段煤柱宽度 10 m（图中 x_1 与 x_2 的和为 10 m）。下伏 3 号煤层开采区段巷道布置位置受到上覆遗留煤柱的影响，采动过程中明晰遗留煤柱区上覆覆岩结构特征，才能构建合适模型并得出其稳定条件，进而有效指导下伏工作面的布置和开采，预防强矿压产生。

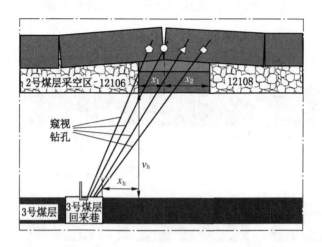

图 7 - 9　窥视示意图

在 3 号煤层 13102 工作面的回风顺槽可以钻孔窥视 2 号煤层区段煤柱上覆基本顶的断裂情况（示意图中的 x_h 为 10 m、y_h 为 20 m）。钻孔窥视得到，区段煤柱上覆基本顶只有一条而非两条断裂线，其中断裂线距离 12106 工作面煤柱壁的距离 x_1 约为 4.1 m，与本论文模型计算结果一致。该类型属于第 3 章模型提出的区段煤柱区基本顶的破断类型为"分隔式双短弧形"，即煤柱区上覆无 12108 工作面开采导致的基本顶新断裂线，由于 12106 工作面先开采，所以该断裂线是 12106 工作面开采导致的破断线，而 12108 工作面开采时，煤柱区无新的贯通式断裂线产生，验证了本章模型计算结果的合适性。

7.5　综放沿空煤巷基本顶块体位态及合理煤柱宽度分析

弹塑性基础边界基本顶板结构力学模型可得到开采全区域基本顶破断位态，尤其是沿空侧基本顶块体位态可为沿空煤巷位置选择提供关键理论依据。

7.5.1　断裂位置分类

如图 7 - 10 所示，基本顶在沿空侧的断裂线位置主要有煤体的弹性区、塑性区及弹塑性分界区，不仅受到煤体塑化程度和范围的影响且受到基本顶厚度、强度及弹性模量的影响。当断裂线处于不同位置时，深入煤体的基本顶下伏煤体对基本顶的支撑能力差异显著，所以三角块 B（俯视图时）自身的稳定性的不同对区分断裂线位于煤体的弹性区还是塑性区具有重要理论和实际意义。

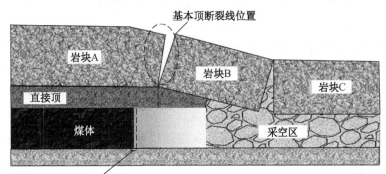

(a) 基本顶断裂线处于塑性煤体区

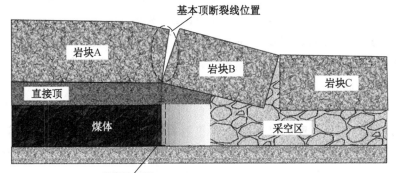

(b) 基本顶断裂线处于煤体弹塑性分界区

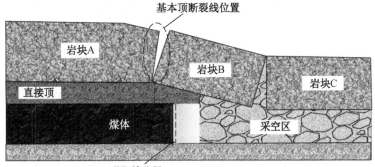

(c) 基本顶断裂线处于弹性煤体区

图7-10　基本顶断裂线位置类型

7.5.2 综放沿空煤巷覆岩特殊位态类型分析

由于采高较大，综放沿空煤巷邻空侧上覆三角块体 B 并不全是砌体状态，存在特殊状态，本书提出如下三类端部块体模型。

如图 7 – 11a 所示，岩块 B 与岩块 C 端部铰接，而岩块 B 与岩块 A 错位铰接，具有滑落失稳特征但与滑落失稳又有区别，因为岩块 B 滑落与岩块 A 错位铰接之后，错位铰接区下伏有煤体支撑，所以不会出现完全的滑落失稳，这个特征对综放沿空掘巷位置选择具有重要意义。

如图 7 – 11b 所示，岩块 A 与岩块 B 端部铰接而岩块 B 与岩块 C 错位铰接，因为岩块 B 深入煤体破断，岩块 B 下伏为煤体支撑，所以 B 岩块不易发生滑落失稳，也会被一定程度上限制发生回转失稳。

如图 7 – 11c 所示，岩块 A 与岩块 B 错位铰接且岩块 B 与岩块 C 错位铰接，岩块 B 主要由下伏煤体及岩块 C 的端部共同支撑。

而若考虑到更上覆岩层之前的相互作用关系，则涉及高位砌体结构与图 7 – 11 三种情况的各种组合，这里不再做具体阐述，确定模型类型后，具体力学求解会迎刃而解。

7.5.3 综放沿空煤巷合理位置选择分析

区段煤柱宽度合理确定对沿空煤巷围岩控制，提高资源回收率等具有重要意义。传统确定煤柱宽度的方法是考虑煤柱中部具有一定宽度的弹性核，这样煤柱整体就是稳定的，该观点仅仅考虑煤柱本身承载力状态，未考虑整个沿空煤巷围岩应力场及覆岩位态场，如顶板围岩结构、两帮应力集中程度、顶板 – 两帮 – 煤柱的协同程度等等，所以该法所得的煤柱宽度具有较大局限性。

如图 7 – 12 为综放沿空煤巷位置选择的几种典型类型，主要考虑四大特殊因素，分别是岩块 B 深入煤体断裂位置、煤体的弹塑性分界线位置、煤体支承应力位态以及邻侧工作面采空稳定时间，而围岩强度等属于各类巷道均需要考虑的类型。

基于煤体的弹塑性分界线位置，综放沿空煤巷的位置类型是处于塑性煤体区、弹性煤体区或弹塑性分界区。基于岩块 B 深入煤体的断裂位置，综放沿空煤巷的位置类型是沿空煤巷处于断裂线的下方区域、左侧区域及右侧区域。基于煤体支承应力位态，综放沿空煤巷的位置类型是处于内应力场区及外应力场区。基于邻侧工作面采空稳定时间，综放沿空煤巷可在邻侧工作面还未稳定时掘进或

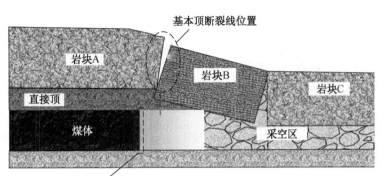

(a) "前错位-后铰接"型

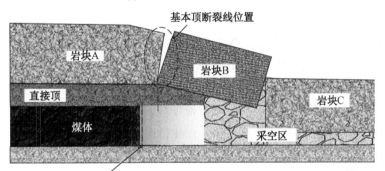

(b) "前铰接-后错位"型

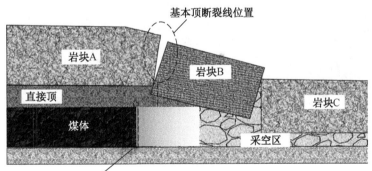

(c) "前错位-后错位"型

图 7-11 基本顶覆岩特殊位态类型

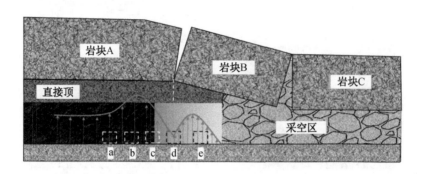

图 7-12　综放沿空煤巷典型位置类型

稳定时掘进。

如图 7-13 所示，综放沿空煤巷所选位置处于基本顶断裂线左侧且处于煤体的弹性区，围岩强度相对较高且不受基本顶滑落及回转失稳的直接影响，煤巷维护相对容易，但是煤巷位置若过于深入到弹性煤体区，则会导致煤巷处于侧向高支承应力区，虽然掘巷前巷道周边围岩条件好，但是处于侧向高支承应力区，加之本工作面采动影响叠加，变形会更大，此时围岩控制并非易事。

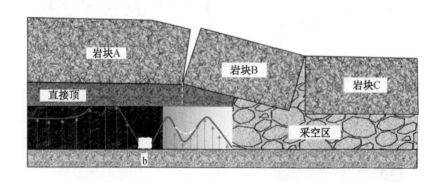

图 7-13　综放沿空煤巷处于弹性煤体区示意图

如图 7-14 所示，综放沿空煤巷位置处于基本顶断裂线下方且处于煤体的塑性区，该煤巷处于塑性煤体中，围岩强度低且受到基本顶滑落及回转失稳的直接影响，煤巷维护相对困难。

如图 7-15 及图 7-16 所示，综放沿空煤巷处于断裂的基本顶下方且是塑性

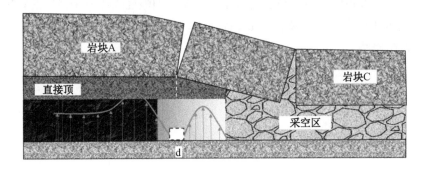

图 7-14 综放沿空煤巷处于塑性煤体区且基本顶断裂线下方

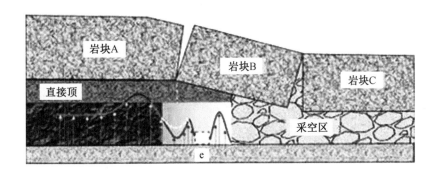

图 7-15 综放沿空煤巷处于塑性煤体区且岩块 B 下方（塑性区范围较大）

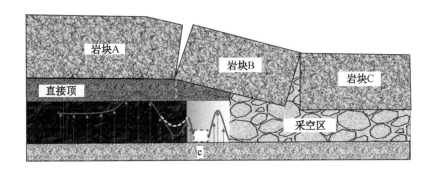

图 7-16 综放沿空煤巷处于塑性煤体区且岩块 B 下方（塑性区范围较小）

煤体区域，该巷道围岩应力场相对最小，主要受到塑性煤体残余强度的影响、岩块 B 是否处于稳定阶段以及岩块 B 稳定后是否还会因采动叠加而发生滑落或回转失稳产生影响。

参 考 文 献

［1］钱鸣高，石平五，许家林. 矿山压力与岩层控制［M］. 徐州：中国矿业大学出版社，2010.

［2］曹胜根，缪协兴. 超长综放工作面采场矿山压力控制［J］. 煤炭学报，2001，26（6）：621－625.

［3］杜计平，张先尘，贾维勇，等. 煤矿深井采场矿压显现及其控制特点［J］. 中国矿业大学学报，2000，29（1）：82－84.

［4］许家林，朱卫兵，鞠金峰. 浅埋煤层开采压架类型［J］. 煤炭学报，2014，39（8）：1625－1634.

［5］许家林，朱卫兵，鞠金峰. 采场大面积压架冒顶事故防治技术研究［J］. 煤炭科学技术，2015，43（6）：1－7.

［6］钱鸣高. 采场上覆岩层的平衡条件［J］. 中国矿业学院学报，1981，（2）：31－40.

［7］钱鸣高. 采场上覆岩层岩体结构模型及其应用［J］. 中国矿业学院学报，1982，（2）：1－11.

［8］Qian Minggao. A study of the behavior of overlying strata in long wall mining and its application to strata control［C］. //Proceedings of the Symposium on Strata Mecha－nics. Elsevier Scientific Publishing Company，1982：13－17.

［9］钱鸣高，李鸿昌. 采场上覆岩层活动规律及其对矿山压力的影响［J］. 煤炭学报，1982，11（2）：1－12.

［10］Qian Minggao，Miao Xiexing，Li Liangjie. Mechanical behaviour of main floor for water inrush in longwall mining［J］. Journal of China University of Minging and Technology，1995，5（1）：9－16.

［11］Zhu Deren，Qian Minggao. Structure and stability of main roof after its fracture［J］. Journal of China University of mining and Technology，1990，1（1）：21－30.

［12］钱鸣高，缪协兴. 采场上覆岩层结构的形态与受力分析［J］. 岩石力学与工程学报，1995，14（2）：97－106.

［13］宋振骐. 实用矿山压力控制［M］. 徐州：中国矿业大学出版社，1988.

［14］卢国志，汤建泉，宋振骐. 传递岩梁周期裂断步距与周期来压步距差异分析［J］. 岩土工程学报，2010，32（4）：538－541.

［15］姜福兴，宋振琪，宋扬，等. 采场来压预测预报专家系统的基础研究［J］. 煤炭学报，1995，20（3）：225－228.

［16］钱鸣高. 老顶的初次断裂步距［J］. 矿山压力，1987（1）：1－6.

［17］朱德仁. 长壁工作面老顶的破断规律及其应用［D］. 徐州：中国矿业大学，1987.

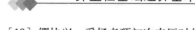
[18] 缪协兴. 采场老顶初次来压时的稳定性分析 [J]. 中国矿业大学学报, 1989, 18 (3): 88 - 92.

[19] 姜福兴. 薄板力学解在坚硬顶板采场的适用范围 [J]. 西安科技大学学报, 1991 (2): 12 - 19.

[20] 姜福兴, 宋振骐, 宋杨. 老顶的基本结构形式 [J]. 岩石力学与工程学报, 1993, 12 (4): 366 - 379.

[21] 贾喜荣, 刘国利, 徐林生. 缓倾斜煤层长壁工作面顶板分类方案探讨 [J]. 矿山压力与顶板管理, 1992 (1): 53 - 55.

[22] 贾喜荣, 霍英达, 杨双锁. 放顶煤工作面顶板岩层结构及顶板来压计算 [J]. 煤炭学报, 1988, 3 (4): 366 - 370.

[23] 贾喜荣, 崔英达. 采场薄板矿压理论与实践综述 [J]. 矿山压力与顶板管理, 1999, 16 (3): 22 - 25.

[24] 戴兴国, 钱鸣高. 老顶岩层破损与来压的理论分析 [J]. 矿山压力与顶板管理, 1992, (3): 7 - 11.

[25] 高存宝, 钱鸣高, 翟明华, 等. 坚硬顶板来压前的多次破断现象及其应用 [J]. 矿山压力与顶板管理, 1993, (1): 37 - 42.

[26] 何富连. 综采面直接顶块裂介质岩体稳定性及其控制研究 [J]. 矿山压力与顶板管理, 1994, (3): 29 - 32.

[27] 何富连, 刘亮, 钱鸣高. 综采面直接顶块状松散岩体冒顶之分析与防治 [J]. 煤, 1995, 4 (4): 7 - 10.

[28] 何富连, 刘锦荣, 陈立武, 等. 采场块裂体冒落冒顶的矢量分析 [J]. 矿山压力与顶板管理, 1995, 3 (4): 18 - 21.

[29] Yang Shuangsuo, Kang Lixun, Qian Minggao. Study on the stability of immediate roof blocks at the end face [J]. Journal of China Coal Society, 1999, 5 (1): 30 - 32.

[30] 吴洪词. 采场空间结构模型及其算法 [J]. 矿山压力与顶板管理, 1997 (1): 10 - 13.

[31] 钱鸣高, 缪协兴, 何富连. 采场支架与围岩耦合作用机理研究 [J]. 煤炭学报, 1996, 21 (1): 40 - 44.

[32] 何富连, 钱鸣高, 刘长友. 高产高效工作面支架—围岩保障系统 [M]. 徐州: 中国矿业大学出版社, 1997.

[33] 钱鸣高, 缪协兴, 何富连. 采场支架与围岩耦合作用机理研究 [J]. 煤炭学报, 1996, 21 (1): 40 - 44.

[34] 何富连, 钱鸣高, 刘长友. 高产高效工作面支架—围岩保障系统 [M]. 徐州: 中国矿业大学出版社, 1997.

[35] 许家林, 钱鸣高. 覆岩采动裂隙分布特征的研究 [J]. 矿山压力与顶板管理, 1997, 14

（Z1）：210－212.

[36] 钱鸣高，许家林. 覆岩采动裂隙分布的"O"形圈特征研究 [J]. 煤炭学报，1998，23
（5）：466－468.

[37] 茅献彪，缪协兴，钱鸣高. 采动覆岩中关键层的破断规律研究 [J]. 中国矿业大学学
报，1998，27（1）：39－42.

[38] 钱鸣高，张顶立，黎良杰，等. 砌体梁的"S－R"稳定及其应用 [J]. 矿山压力与顶
板管理，1994，（3）：6－10.

[39] 钱鸣高，缪协兴，何富连. 采场"砌体梁"结构的关键块分析 [J]. 煤炭学报，1994，
19（6）：557－563.

[40] 钱鸣高. 采场围岩控制理论与实践 [J]. 矿山压力与顶板管理，1999，（Z1）：2－15.

[41] 钱鸣高. 20 年来采场围若控制理论与实践 [J]. 中国矿业大学学报，2000，29（1）：
1－4.

[42] 缪协兴，钱鸣高. 采场围岩整体结构与砌体梁力学模型 [J]. 矿山压力与顶板管理，
1995，3（4）：3－12.

[43] 曹胜根，缪协兴，钱鸣高. "砌体梁"结构的稳定性及其应用 [J]. 东北煤炭技术，
1998，（5）：21－25.

[44] 黄庆享. 采场老顶初次来压的结构分析 [J]. 岩石力学与工程学报，1998，17（5）：
521－526.

[45] 黄庆享，祈万涛，杨春林. 采场老顶初次破断机理与破断形态分析 [J]. 西安矿业学院
学报，1999，19（3）：193－197.

[46] 侯忠杰. 老顶断裂岩块回转端角接触面尺寸 [J]. 矿山压力与顶板管理，1999，16（3－
4）：29－31.

[47] 黄庆享，钱鸣高，石平五. 浅埋煤层采场老顶周期来压的结构分析 [J]. 煤炭学报，
1999，24（6）：581－585.

[48] 黄庆享，钱鸣高，石平五. 老顶岩块端角摩擦系数和挤压系数实验研究 [J]. 岩土力
学，2000，21（1）：60－63.

[49] Huang Q X. Analysis of main roof breaking form and its mechanism during first weighting in
longwall face [J]. Journal of Coal Science and Engineering（China），2001，7（1）：9－
12.

[50] 谢胜华，侯忠杰. 浅埋煤层组合关键层失稳临界突变分析 [J]. 矿山压力与顶板管理，
2002，19（1）：67－72.

[51] 谢胜华，侯忠杰. 突变理论在浅埋煤层组合关键层中的应用 [J]. 力学与实践，2002，
24（6）：42－44.

[52] 高明中. 关键层破断与厚松散层地表沉陷耦合关系研究 [J]. 安徽理工大学学报（自

然科学版），2004，24（3）：24－27.

[53] 高明中. 模型中应力测试耦合问题分析 [J]. 矿山压力与顶板管理，2004，（4）：100－103.

[54] 陈忠辉，谢和平，李全生. 长壁工作面采场围岩铰接薄板力学模型研究 [J]. 煤炭学报，2005，30（2）：172－176.

[55] 何富连，赵计生，姚志昌. 采场岩层控制论 [M]. 北京：冶金工业出版社，2009.

[56] 张益东，程敬义，王晓溪，等. 大倾角仰（俯）采采场顶板破断的薄板模型分析 [J]. 采矿与安全工程学报，2010，27（4）：487－493.

[57] 浦海，黄耀光，陈荣华. 采场顶板"X－O"型断裂形态力学分析 [J]. 中国矿业大学学报，2011，40（6）：835－840.

[58] 秦广鹏，蒋金泉，张培鹏，等. 硬厚岩层破断机理薄板分析及控制技术 [J]. 采矿与安全工程学报，2014，31（5）：726－732.

[59] 王新丰，高明中. 变长工作面采场顶板破断机理的力学模型分析 [J]. 中国矿业大学学报，2015，44（1）：36－45.

[60] 高明中，王新丰. 不等长工作面覆岩破坏规律的数值模拟分析 [J]. 安徽理工大学学报（自然科学版），2013，33（4）：32－36.

[61] 王金安，张基伟，高小明，等. 大倾角厚煤层长壁综放开采基本顶破断模式及演化过程（Ⅰ）—初次破断 [J]. 煤炭学报，2015，40（6）：1353－1360.

[62] 王金安，张基伟，高小明，等. 大倾角厚煤层长壁综放开采基本顶破断模式及演化过程（Ⅱ）—周期破断 [J]. 煤炭学报，2015，40（8）：1737－1745.

[63] 刘洪磊，杨天鸿，张鹏海，等. 复杂地质条件下煤层顶板"O－X"型破断及矿压显现规律 [J]. 采矿与安全工程学报，2015，32（5）：793－800.

[64] 李肖音，高峰，钟卫平. 基于板模型的采场顶板破断机理分析 [J]. 采矿与安全工程学报，2008，25（2）：180－183.

[65] Xu J L, Zhu W B, Lai W Q, et al. Green Mining Techniques in the Coal Mines of China [J]. Journal of Mines, Metals and Fuels, 2004, 52（12）：395－398.

[66] 范韶刚. 试论中国煤炭工业可持续发展 [M]. 北京：煤炭工业出版社，2002.

[67] 李全生. 面向21世纪开采技术创新方向探讨 [M]. 北京：煤炭工业出版社，2002.

[68] 钱鸣高，许家林. 煤炭工业发展面临几个问题的讨论 [J]. 采矿与安全工程学报，2006，23（6）：127－132.

[69] 申宝宏，雷毅. 我国煤炭科技发展现状及趋势 [J]. 煤矿开采，2011，6（3）：4－7.

[70] 钱鸣高，许家林. 科学采矿的理念与技术框架 [J]. 中国矿业大学学报（社会科学版），2011，（3）：1－7.

[71] 王红卫，陈忠辉，杜泽超，等. 弹性薄板理论在地下采场顶板变化规律研究中的应用

[J]. 岩石力学与工程学报, 2006, 25 (S2): 3769 – 3774.

[72] 徐敏, 谢广样. 走向短壁水为采煤顶板周期跨落规律研究 [J]. 岩石为学与工程学报, 2004, 23, (15): 2547 – 2550.

[73] 姜福兴, 涨兴民, 杨淑华, 等. 长壁采场覆岩空间结构探讨 [J]. 岩石力学与工程学报, 2006, 25 (5): 979 – 984.

[74] 姜福兴. 采场覆岩空间结构观点及其应用研究 [J]. 采矿与全工程学报, 2006, 23 (1): 30 – 33.

[75] 姜福兴, 杨淑华. 采场覆岩空间破裂与采动应力场的微震探测研究 [J]. 岩土工程学报, 2003, 25 (1): 23 – 25.

[76] 马其华. 长壁采场覆岩 "O" 型空间结构及相关矿山压力研究 [D]. 青岛: 山东科技大学, 2005.

[77] 史红, 姜福兴. 采场上覆岩层结构理论及其新进展 [J]. 山东科技大学学报: 自然科学版, 2004, 4 (1): 21 – 25.

[78] 谢广祥. 综放工作面及其围岩宏观应力壳力学特征的 [J]. 煤炭学报, 2005, 30 (3): 309 – 313.

[79] 刘杰, 王恩元, 龙恩来, 等. 超长工作面采动应力场分布变化规律实测研究机 [J]. 采矿与安全工程学报, 2014, 31 (1): 60 – 65.

[80] 缪协兴, 钱鸣高. 超长综放工作面覆岩关键层破断特征及对采场矿压的影响 [J]. 岩石力学与工程学报, 2003, 22 (1): 45 – 47.

[81] Zhang J. The Influence of Mining Height on Combinational Key Stratum Breaking Length [J]. Procedia Engineering, 2011, 26: 1240 – 1246.

[82] Pu H, Zhang J. Mechanical model of control of key strata in deep mining [J]. Mining Science and Technology (China), 2011, 21 (2): 267 – 272.

[83] Denkhaus H. "Critical Review of Strata Movement Theories and Their Application to Practical Problems" [J]. Journal of the South Africa Institute of Mining and Metallurgy, 1964, V 64, pp, 310 – 332.

[84] Zhang Z Q, Xu J L, Zhu W B, et al. Simulation research on the influence of eroded primary key strata on dynamic strata pressure of shallow coal seams in gully terrain [J]. International Journal of Mining Science and Technology, 2012, 22 (1): 51 – 55.

[85] Ju J F, Xu J L. Structural characteristics of key strata and strata behavior of a fully mechanized long wall face with 7. 0 m height chocks [J]. International Journal of Rock Mechanics & Mining Sciences, 2013, 58 (2): 46 – 54.

[86] 钱鸣高, 缪协兴, 许家林. 岩层控制中的关键层理论研究 [J]. 煤炭学报, 1996, 21 (3): 225 – 230.

［87］钱鸣高，缪协兴，许家林. 岩层控制的关键层理论［M］. 徐州：中国矿业大学出版社，2003.

［88］许家林. 岩层移动与控制的关键层理论及其应用［D］. 徐州：中国矿业大学，1999.

［89］王家臣，王兆会. 基本顶结构稳定性研究浅埋薄基岩高强度开采工作面初次来压［J］. 采矿与安全工程学报，2015，32（3）：175－181.

［90］陈忠辉，冯竞竞，肖彩彩，等. 浅埋深厚煤层综放开采顶板断裂力学模型［J］. 煤炭学报，2007，32（5）：449－452.

［91］李新元，隙培华. 浅埋深极松软顶板采场矿压显现规律研究［J］. 岩石力学与工程学报，2004，23（19）：3305－3309.

［92］张宏伟，周坤友，荣海，等. 浅埋深大采高工作面矿压显现及支架适应性研究［J］. 煤炭科学技术，2017，45（4）：20－25.

［93］黄庆享. 浅埋煤层长壁开采顶板结构及岩层控制研究［M］. 徐州：中国矿业大学出版社，2000.

［94］黄庆享，刘文岗，田银素. 近浅埋煤层大采高矿压显现规律实测研究［J］. 矿山压力与顶板管理，2003，（3）：58－59.

［95］Ju J F，Xu J L. Surface stepped subsidence related to top－coal caving longwall mining of extremely thick coal seam under shallow cover［J］. Int J Rock Mech Min Sci，2015，（78）：27－35.

［96］高召宁，石平五. 急斜煤层开采老顶破断力学模型分析［J］. 矿山压力与顶板管理，2003，20（1）：81－83.

［97］殷露中，乔福祥，王莘. 大倾角条件初次破断薄板挠度位移初探［J］. 矿山压力与顶板管理，1996，13（3）：21－23.

［98］田取珍，刘吉昌，张云青. 仰采、俯采老顶岩层断裂特征及对直接顶稳定性的影响［J］. 煤炭学报，1994，19（2）：140－150.

［99］殷露中，乔福祥，王莘. 大倾角条件初次破断薄板挠度位移初探［J］. 矿山压力与顶板管理，1996，13（3）：21－23.

［100］杨帆. 急倾斜煤层采动覆岩移动模式及机理研究［D］. 阜新：辽宁工程技术大学，2006.

［101］张嘉凡，石平五，张慧梅. 急斜煤层初次破断后基本顶稳定性分析［J］. 煤炭学报，2009，34（9）：1160－1164.

［102］弓培林，靳钟铭. 大采高采场覆岩结构特征及运动规律研巧［J］. 煤炭学报，2004，29（1）：7－11.

［103］许家林，鞠金峰. 特大采高综采面关键层结构形态及其对矿压显现的影响［J］. 岩石力学与工程学报，2011，30（8）：1547－1556.

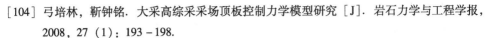

[104] 弓培林，靳钟铭. 大采高综采采场顶板控制力学模型研究 [J]. 岩石力学与工程学报，2008，27（1）：193－198.

[105] 付玉平，宋选民，邢平伟，等. 大采高采场顶板断裂关键块稳定性分析 [J]. 煤炭学报，2009，34（8）：1027－1031.

[106] 吴兴荣，杨茂田. 厚层坚硬顶板的断裂与初次垮落 [J]. 矿山压力与顶板管理，1990，7（2）：22－25.

[107] 廖孟柯，高峰，李树荣，等. 采场厚老顶破断规律分析 [J]. 矿业安全与环保，2006，（6）：4－6.

[108] 李其仁，赵军，赵文宏. 我矿采场坚硬顶板破断规律及控制 [J]. 煤炭科学技术，1993，21（11）：2－4.

[109] 蒋金泉，王普，武泉林，等. 高位硬厚岩层弹性基础边界下破断规律的演化特征 [J]. 中国矿业大学学报，2016，45（3）：490－498.

[110] 蒋金泉，张培鹏，秦广鹏，等. 一侧采空高位硬厚关键层破断规律与微震能量分布 [J]. 采矿与安全工程学报，2015，32（4）：523－529.

[111] 柏建彪. 沿空掘巷围岩控制 [M]. 徐州：中国矿业大学出版社，2006.

[112] 王红胜，李树刚，张新志，等. 沿空巷道基本顶断裂结构影响窄煤柱稳定性分析 [J]. 煤炭科学技术，2014，42（2）：19－22.

[113] 查文华，李雪，华心祝，等. 基本顶断裂位置对窄煤柱护巷的影响及应用 [J]. 煤炭学报，2014，39（S2）：332－338.

[114] 王红胜，张东升，李树刚，等. 基于基本顶关键岩块 B 断裂线位置的窄煤柱合理宽度的确定 [J]. 采矿与安全工程学报，2014，31（1）：10－16.

[115] 刘迅. 沿空巷道侧采空区上方基本顶断裂位置研究 [J]. 矿业安全与环保，2017，44（5）：40－44.

[116] 殷帅峰，程根银，何富连，等. 基于基本顶断裂位置的综放窄煤柱煤巷非对称支护技术研究 [J]. 2016，35（S1）：3162－3174.

[117] 谢福星，何富连，殷帅峰，等. 强采动大断面沿空煤巷围岩非对称控制研究 [J]. 采矿与安全工程学报，2016，33（6）：999－1007.

[118] 李磊，柏建彪，王襄禹. 综放沿空掘巷合理位置及控制技术 [J]. 煤炭学报，2012，37（9）：1564－1569.

[119] 侯朝炯，马念杰. 煤层巷道两帮煤体应力和极限平衡区的探讨 [J]. 煤炭学报，1989，（4）：21－29.

[120] 钱鸣高，赵国景. 老顶断裂前后的矿山压力变化机理 [J]. 中国矿业学院学报，1986，（6）：11－19.

[121] 朱德仁. 工作面矿压监测和来压预报方法 [J]. 矿山压力，1988，22－31，40.

［122］赵国景，钱鸣高. 采场上覆坚硬岩层的变形运动与矿山压力 ［J］. 煤炭学报，1987，（3）：1 - 8.

［123］蒋金泉. 老顶周期断裂及顶板来压预报 ［J］. 山东矿业学院学报，1989，8 （2）：1 - 8.

［124］刘保国. "反弹"的机理影响因素及其应用 ［J］. 山东矿业学院学报，1989，8 （4）：13 - 17.

［125］Fu Guobin，Qian Minggao. Application of the roof disturbance to monitoring and predicting the ground pressure ［J］. Journal of China University of Minging and Technology，1992，3 （1）：74 - 82.

［126］谭云亮，杨永杰. 反弹的机理及工程意义 ［J］. 力学与实践，1996，18 （2）：21 - 23.

［127］何富连，赵计生，姚志昌. 采场岩层控制论 ［M］. 北京：冶金工业出版社，2009.

［128］潘岳，顾士坦，杨光林. 裂纹发生初始阶段的坚硬顶板内力变化和"反弹"特性分析 ［J］. 岩土工程学报，2015，37 （5）：860 - 869.

［129］何富连，陈冬冬，谢生荣. 弹性基础边界基本顶薄板初次破断的 kDL 效应 ［J］. 岩石力学与工程学报，2017，36 （6）：1384 - 1399.

［130］徐芝纶. 弹性力学 ［M］. 北京：高等教育出版社，2006.

［131］王敏中，王炜，武际可. 弹性力学教程 ［M］. 修订版. 北京：北京大学出版社，2011.

［132］张文生. 科学计算中的偏微分方程有限差分法 ［M］. 北京：高等教育出版社，2006.

［133］李荣华. 偏微分方程数值解法 ［M］. 2 版. 北京：高等教育出版社，2010.

［134］喻文健. 数值分析与算法 ［M］. 北京：清华大学出版社，2012，265 - 269.

［135］姜健飞，吴笑千，胡良剑. 数值分析及其 MATLAB 实验 ［M］. 2 版. 北京：清华大学出版社，2015.

［136］陈冬冬，武毅艺，谢生荣，等. 弹 - 塑性基础边界一侧采空基本顶板结构初次破断研究 ［J］. 煤炭学报，2021，46 （10）：3090 - 3105.

［137］李星. 数值分析 ［M］. 5 版. 北京：科学出版社，2014.

［138］何红雨. 有限差分法在 Maltab 中的应用 ［M］. 北京：科学出版社，2002.

［139］艾冬梅，李艳晴，张丽静，等. MATLAB 与数学实验 ［M］. 北京：机械工业出版社，2016.

［140］陈冬冬，何富连，谢生荣，等. 一侧采空（煤柱）弹性基础边界基本顶薄板初次破断 ［J］. 煤炭学报，2017，42 （10）：2528 - 2536.

图书在版编目（CIP）数据

弹塑性基础边界基本顶板结构破断及扰动规律研究与
应用／陈冬冬等著 ． － － 北京：应急管理出版社，2024
ISBN 978 － 7 － 5237 － 0171 － 3

Ⅰ．①弹… Ⅱ．①陈… Ⅲ．①矿山—顶板事故—研究
Ⅳ．①TD773

中国国家版本馆 CIP 数据核字（2024）第 001113 号

弹塑性基础边界基本顶板结构破断及扰动规律研究与应用

著　　者	陈冬冬　朱　磊　谢生荣　张守宝	
责任编辑	成联君	
编　　辑	房伟奇	
责任校对	赵　盼	
封面设计	安德馨	

出版发行　应急管理出版社（北京市朝阳区芍药居 35 号　100029）
电　　话　010 － 84657898（总编室）　010 － 84657880（读者服务部）
网　　址　www.cciph.com.cn
印　　刷　北京四海锦诚印刷技术有限公司
经　　销　全国新华书店

开　　本　710mm×1000mm$^1/_{16}$　印张　10$^1/_4$　字数　168 千字
版　　次　2024 年 2 月第 1 版　2024 年 2 月第 1 次印刷
社内编号　20192500　　　　定价　45.00 元